U0826272

重力卫星关键技术研究与示范应用

常晓涛　朱广彬　瞿庆亮　刘　伟　郭金运　周　苗　著

地质出版社

·北　京·

图书在版编目（CIP）数据

重力卫星关键技术研究与示范应用 / 常晓涛等著 . 北京: 地质出版社, 2024. 12. -- ISBN 978-7-116-14406-4

Ⅰ. V474.2

中国国家版本馆 CIP 数据核字第 2024A0U855 号

ZHONGLI WEIXING GUANJIAN JISHU YANJIU YU SHIFAN YINGYONG

责任编辑： 程 静
责任校对： 王 瑛
出版发行： 地质出版社
社址邮编： 北京市海淀区学院路31号, 100083
电　　话：（010）66554528（发行部）；（010）66554533（编辑室）
网　　址： https://www.gph.clmpg.com
传　　真：（010）66554686
印　　刷： 北京地大彩印有限公司
开　　本： 787mm × 1092mm 1/16
印　　张： 8.25
字　　数： 200千字
版　　次： 2024年12月北京第1版
印　　次： 2024年12月北京第1次印刷
定　　价： 128.00元
书　　号： ISBN 978-7-116-14406-4

（版权所有 · 侵权必究；如本书有印装问题，本社负责调换）

前　言

地球重力场无处不在，并对人类活动时刻产生制约。随着技术的不断进步，地球重力场的探测从陆地延伸至海洋，并向空间发展，尤其是在卫星重力测量技术出现之后，人们对地球重力场的追求已不再局限于不断提高的精度和空间分辨率，更向着不断提高时间分辨率的方向发展，并由此为地球重力场技术的应用打开了更加广阔的空间。

卫星重力技术以重力卫星数据技术为核心，以重力卫星在轨检校技术为支撑，以卫星重力应用技术为目标。重力卫星技术的核心是卫星精密定轨、加速度精准观测和在此基础上实现的更进一步的重力梯度观测、高精度星间距离测量以及卫星星座设计、有效组网和持续观测，上述技术的综合应用是未来重力卫星的技术发展方向。卫星地面检校技术的核心是载荷内部检校、外部检校技术、有效性检验技术以及地面检校场构建技术，卫星地面检校可在同等应用需求条件下有效降低卫星研制难度与技术成本，或在同等载荷条件下改善载荷观测精度更好满足应用需求。卫星重力应用技术的核心是卫星数据处理技术、卫星重力场建模技术、重力与专业数据融合同化技术以及应用成果分析技术，卫星重力应用技术不仅是卫星工程中与重力卫星技术同等重要的技术因素，而且是为重力卫星技术发展提供需求源动力。

卫星重力不同于光学、雷达等其他卫星遥感技术手段，地面重力观测设备无法在处于失重状态的卫星平台上获取其所在空间的重力加速度值，而只能通过卫星轨道及其姿态的观测进行系统化反演。所谓系统化是指卫星载荷并不能随时随地地获取其所在位置的重力加速度，而是通过系统的持续观测对观测结果进行整体解算，即建立时空域卫星观测值与频域重力场模型的数学关系，并在解算过程中基于地球重力场的先验约束对重力场反演不适定问题，通过正则化方法一次性求解地球重力场模型各阶系数。

发展卫星重力技术的意义不仅在于对地球重力场精细结构的探测，而且对卫星遥感技术的升级发展具有重要意义。重力卫星研制过程中形成的冷气推进、电推进等高效精细的平台推进技术与重力梯度仪差模观测技术相结合形成的基于非保守力观测的无拖曳推进技术，以及可推动卫星从管理上的虚拟组网向运行上的实质组网发展的卫星精密星间测距技术，对提高我国下一代光学、雷达等遥感卫星定量化观测效率和精度的技术意义不言自明。因此发展卫星重力不仅在于卫星重力观测本身，或更在于卫星遥感技术的换代升级。

本书面向上述目标从重力卫星技术研究入手，进而开展卫星地面检校技术研究，力求按部就班地从数据源头到技术过程对卫星重力应用进行系统化的研究。本书共分 5 章，以第二章、第三章、第四章、第五章为主体，其中第二章、第三章分别为与应用数据源相关的卫星重力技术研究与在轨重力卫星地面检校技术研究，第四章、第五章分别为与应用技术过程相关的时变重力场应用技术研究和静态重力场应用技术研究。

本书的作者团队主要从事我国重力卫星的发展规划研究制定、技术指标论证设计、工程立项推动与自然资源应用研究，在重力卫星工程的卫星系统、地面系统和应用系统方面从事比较全面的研究与开发工作。本书内容为作者团队近年在卫星重力应用研究领域的最新成果，可作为从事重力卫星研制者了解卫星应用需求的参考用书，也可作为重力卫星应用研究者了解技术基础的参考资料，亦可作为相关人员了解卫星重力应用技术发展情况的参考用书。本书基本目的是推动卫星重力技术进步，助力我国重力卫星应用发展，但由于作者水平所限，书中难免有不当之处，敬请读者批评指正。

目　录

第1章　绪　论

地球重力场测量是大地测量的重要组成部分，是物理大地测量的核心内容。地球重力场的测量技术从最初的对弹簧拉伸长度的观测，到目前的对磁悬浮静电场强的观测以及未来对冷原子干涉条纹的观测，无一不是将重力场信号转化为可以以一定精度观测的长度或者角度，从而通过对长度和角度物理量的观测实现对地球重力场不同精度的测量。地球重力场测量的本质是对地球重力加速度的测量，传统的地面重力测量技术一般是对重力加速度的直接测量，而现代卫星重力技术则是基于卫星轨道与重力位模型系数的数学关系，通过卫星轨道或以星间距离变率或重力梯度观测作为进一步的改善手段，解算地球重力场模型，然后根据重力位模型实现重力加速度的反演。因此地球重力场测量的主体内容无非是基于重力与重力加速度、地球重力场与地球重力场模型、重力位与重力梯度等概念要素的逻辑关系，构建其与卫星轨道、星间距离、重力梯度等观测要素的数学关系，并最终获取对地球重力场的测量。本章从概念要素介绍入手，对观测要素进行技术解读，并基于此对卫星重力及其应用技术进行展望与分析，以期读者对卫星重力应用有一个基础的了解。

1.1　地球重力场测量理论基础概念

地球重力场测量理论基础主要从地球重力与重力加速度、地球重力场与地球重力场模型、地球重力位与重力梯度等基本概念进行简要介绍。

1.1.1　地球重力与重力加速度

地球重力由于其天经地义般的存在一直被人类作为司空见惯的事物而熟视无睹，直至万有引力被发现之后才逐步得到不断的深入研究。地球重力从被发现到被理论计算和量化探测经历了两百多年的漫长历程，从哥白尼的日心说到伽利略的自由落体，从开普勒的三大定律到胡克的万有引力假说，并最终通过牛顿的万有引力定律得到科学解释：即地球重力由地球对物体的吸引力和地球自转而产生的惯性离心力的合力，重力源于物质质量，属于保守力，且与物质的质量成正比，物质受重力作用产生的加速度称为重力加速度，也通常被简称为重力。

1.1.2　地球重力场与地球重力场模型

地球重力场是地球重力发生作用的空间。由于地球形状和质量分布的不规则，致使地球重力场不是一个按简单规律变化的场。但总体上，地球可近似地视为一个旋转椭球，在具体的大地测量数据处理中也是将此椭球作为规则化的近似地球，并称为正常地球椭球，相应的重力场称为正常重力场，正常重力场不能涵盖的非规则部分称为异常重力场。地球重力场的数学模型称为地球重力场模型，地球重力场模型所描述的地球重力场与异常重力场的精细结构、空间分布及时间变化是地球重力场场源物质分布及其变化的重力反应信号，其作为地球重力场的基础数据是重力场应用的出发点。

1.1.3 地球重力位与重力梯度

重力位是空间点位重力的功函数，即把单位质量的物体从无限远处移到该空间点位时重力所做的功。地球重力场中任一点的重力位与正常位之差值称为扰动位，扰动位是由于地球的质量分布和形状与平均地球椭球有所不同而产生的重力异常所导致的，与扰动位相应的重力为扰动重力。

重力梯度是重力的一阶导数，而重力是重力位的一阶导数，因此重力梯度作为重力的一阶导数，也可表述为重力位的二阶梯度张量。从物理大地测量角度来看，重力梯度的优势是在卫星平台上地球重力信号缺失的情况下可通过重力梯度观测构建地球重力场模型。从地球重力场应用角度来讲，重力梯度的优势是重力梯度比重力本身具有更好的分辨率，能更好反演重力场源的质量分布和变化细节。

1.1.4 地球重力场测量理论基础内容各成分间的逻辑关系

长度和角度是测量最直接的对象，大多数的测量方法设计最终都是以转化为长度和角度的测量为最终目的。地球重力场测量的直接方式是重力 / 重力加速度测量和大地水准面 / 垂线偏差测量，首先是重力 / 重力加速度测量，其次为大地水准面 / 垂线偏差测量，重力梯度测量是间接的测量方式。地球重力场测量的目标是构建地球重力场模型，如图 1.1 所示，重力场模型是重力场的数学模型，在频域可以用重力位球谐函数级数展开的形式间接表示，在时空域可以重力加速度 / 重力异常或大地水准面高 / 垂线偏差的形式直接表示。

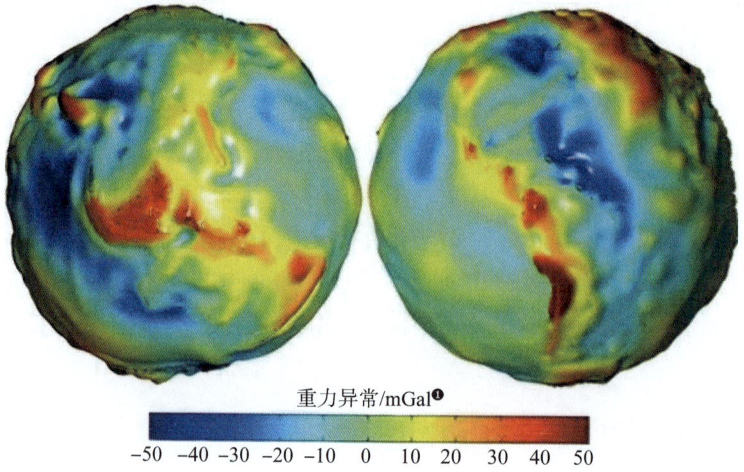

图 1.1　地球重力场

[1] 1mGal=10^{-5}m/s^2。

1.2 卫星地球重力场探测技术基础

卫星地球重力场探测技术基础主要从卫星定轨、卫星加速度测量、星间距离测量、卫星重力梯度测量、海洋卫星测高等5个主要方面简要介绍。

1.2.1 卫星定轨

卫星定轨相当于把卫星作为地球重力的传感器，把卫星轨道视为缠绕在地球重力等位面上的一条曲线，通过观测卫星的轨道摄动的变化获取地球重力场的相关信息，其本质是地球重力卫星轨道等位面大地高测量。1966年Kaula首次利用卫星轨道观测数据构建了8阶地球重力场模型，首次实现根据卫星轨道构建地球全球重力场模型，并进一步确定地球质心，从而开启由地心坐标代替参心坐标的历史，这在卫星重力学和卫星大地测量学发展史上是具有里程碑意义的事件。

卫星轨道的确定最初是通过光学测距、无线电测距、多普勒测量等方法，这些方法的不足之处要么是精度低，要么是设备复杂而且工作量大，或者二者兼有。卫星激光测距和卫星定位技术的发展开启了卫星定轨的新时代，卫星激光测距可以几个厘米的精度确定卫星轨道高度，不足之处是难以实现对卫星的连续跟踪观测。星载GNSS（全球导航卫星系统）技术取得突破之后，卫星定位技术则可以在高精度观测卫星位置的同时开展连续的跟踪定位，为利用卫星轨道解算地球重力场模型提供丰富的高精度观测数据，推动卫星重力学发展更上一个台阶。

1.2.2 卫星加速度测量

卫星绕地球运行的轨道除了主要受地球重力摄动之外，还会受到大气阻尼、光压等非保守力的干扰，因此，为提高卫星轨道反演地球重力场的精度，需剔除非保守力对卫星轨道的影响。因此，为了提高卫星轨道恢复地球重力场的精度，除了在卫星上放置星载GNSS接收机之外，还要额外增加星载卫星加速度计。

传统的加速度计为弹簧链接式，通过观测链接以支承、气浮、液浮形式存在的检测质量块的弹簧的变形实现加速度的测量。加速度计是一个自由的振荡系统，弹簧的变形反映被测加速度的大小，可通过阻尼器来改善振荡系统的动态品质，以提高加速的观测精度。

传统的加速度计远不能满足卫星重力观测中对非保守力的测量精度需求，目前更加精确的加速度观测仪器是基于静电悬浮技术的静电悬浮加速度计。静电悬浮加速度计是通过精密的闭环控制使悬浮质量块在静电力作用下稳定悬浮，并保持其与固定电极的相对位置不变，通过控制电压的调节，使悬浮质量块处于力平衡和力矩平衡状态，然后通过对电压的观测实现加速度的高精度测量。相对于地球表面的重力加速度，静电悬浮加速度计的测量精度可以达到10^{-12}乃至更高。在卫星精密定轨的基础上，通过加速度精确观测去除非保守力对卫星轨道的扰动，显然可进一步提高地球重力场恢复的可靠性，即地球重力场模型的精度及相应的分辨率。

1.2.3 星间距离测量

地球重力场模型的品质要素包括精度与分辨率两个相互依存的重要指标，脱离精度谈模型的分辨率就和脱离分辨率谈模型精度一样，都是不全面也不准确的。基于卫星轨道和加速度测量反演地球重力场的技术可很好地构建地球重力场模型的中长波部分，在卫星定轨精度 2cm 左右、加速度观测精度 10^{-12} 情况下，参照 2000 年发射的 CHAMP 卫星的指标，所能反演的卫星重力场半波长分辨率约为 650km，对应的重力场模型球谐系数约为 30 阶，相应的大地水准面精度为 1cm。在此技术模式下进一步提高重力场的反演效果需对卫星定轨或加速度观测的技术进行升级，这在技术难度和经济成本上均不具备较强的可行性。鉴于此技术背景，高精度的星间距离测量逐步发展为进一步提升卫星重力场反演精度和分辨率的可行手段。

星间距离测量是利用装置在卫星上的微波测距仪或激光干涉仪等载荷实现的高精度距离测量技术。星间距离测量反演地球重力场的技术原理是利用地球重力场的空间分布差异导致的星间距离变化反演地球重力场，通过星间距离测量得到星间距离变率，然后利用距离变率求解重力场，星间距离测量的本质是卫星沿轨方向的重力梯度测量。星间距离测量实现地球重力场反演效果提升的技术背景是卫星定轨精度已经达到 2cm 左右，卫星加速度观测精度已经达到 10^{-12}，星间测距精度达到微米，星间距离变率测定精度优于 1μm/s。在此技术背景下，距离变率的观测结果中就会包含比卫星定轨和加速度观测更为显著的地球重力场信号，从而使其成为更加精确的地球重力场结构信息的重要载体。

星间距离测量地球重力场反演的技术效果比单独利用精密定轨和加速度观测具有明显提升。参照 2002 年发射的具有 Ku 波段测距功能的 GRACE 卫星的指标，所能反演的卫星重力场半波长分辨率可以达到 250km 左右，对应的重力场模型球谐系数约为 80 阶，相应的大地水准面精度为 1cm。因此高精度的星间距离测量是在卫星精密定轨和高精度加速度测量基础上推动卫星地球重力场反演实现从中长波到中短波的进一步提升。

1.2.4 卫星重力梯度测量

卫星重力梯度测量是通过装载在卫星上的梯度仪感知卫星所在处的重力梯度张量。卫星重力梯度仪包括 3 组分别对称分布在卫星坐标系三轴上的 6 个加速度计，通过加速计的组合观测实现全张量差分重力梯度的测量。梯度仪的工作模式分为差模观测和共模观测两种方式，通过差模方式实现重力梯度的测量，通过共模方式测量非保守力，为的是无拖曳推进的进一步实现。

在卫星平台上重力信号缺失的情况下，对地球重力场的测量只能采取卫星轨道变化测量或由于轨道变化引起的星间距离变化测量或重力梯度测量等间接的方式。重力梯度是重力的一阶导数，对于重力测量来说，相对于卫星轨道和星间距离测量，重力梯度测量更加直接。有了重力梯度，按边值问题解算即可反演地球重力场，这也是以重力梯度测量方式反演地球重力场的优势。参照 2009 年发射的重点开展重力梯度观测的 GOCE 卫星的指标，所能反演的卫星重力场半波长分辨率可以达到 100km 左右，对应的重力场模型球谐系数约为 200 阶，相应的大地水准面精度为 1cm，很好地体现了重力梯度测量反演地球重力场的技术优势。

1.2.5 海洋卫星测高

海洋卫星测高是通过装载在卫星上的微波雷达测距仪实现卫星对海面高的观测，利用卫星测高技术，能够大范围、高精度、高分辨率、快速周期性地探测海面高及其变化。卫星测高可以厘米级的测量精度对全球海域进行观测，单颗卫星在执行大地测量任务时不到一年时间即可以优于 10km 的分辨率完成对全球海洋的全覆盖观测。多颗卫星的持续观测则可在全球范围获得可用于恢复海洋重力场的极其密集的海面高观测值。

由于海水面受地球重力影响，海水面可以近似为海洋大地水准面，海洋大地水准面就是地球海洋重力场在海洋区域的表现形式，根据海洋大地水准面通过严密的数学公式即可获得地球在海洋区域的重力场。实际上通常采用的处理方法是通过海洋卫星测高获得的海面高计算海面处的垂线偏差，垂线偏差与大地水准面一样也是地球海洋重力场在海洋区域的表现形式，相对于大地水准面来说，尽管垂线偏差不如大地水准面与地球重力场的关系直接，但根据垂线偏差依然通过严密的数学计算即可获得地球在海洋区域的重力场。这样做的优势一方面是由于潮汐、海面地形等因素，导致海水面并不是完全与大地水准面重合，在由大地水准面求解重力场的数学过程中还需要进一步去除潮汐和海面地形等因素带来的影响，而这些影响因素的建模带来的困难使得问题的解决办法变得十分困难和复杂。另一方面是垂线偏差通过海面高观测值即可简单算出，而且以垂线偏差作为起算数据可以很大程度上消除海面地形和潮汐对重力场恢复的影响。

海洋卫星测高对海面高的测量精度可以达到厘米，对海面高变化的监测精度可以达到毫米，卫星测高沿轨分辨率 8km 左右，地面轨道赤道间距几十千米，但可以通过多星持续重复观测实现与沿轨方向等同的分辨率，这意味着海洋卫星测高海洋重力场的恢复在理论上可以达 8km 分辨率实现厘米级大地水准面的精度，对应的重力场模型球谐系数在 2000 阶以上。即便在实际处理过程中受到各种误差因素的影响，利用卫星测高构建地球重力场模型的分辨率亦能达到 1000 阶以上。海洋卫星测高反演地球重力场的优势是以卫星技术快速高效地获得更高分辨率的地球重力场，不足之处是其适用范围仅局限于海洋区域，而且在近海区域，由于海面测高受风浪等因素影响精度偏低，尽管可以通过卫星测高波形重定等技术很大程度上改善近海卫星测高的精度，但近海卫星测高所反演的地球重力场精度也明显不如深海区域。随着未来海洋测高卫星编队测量技术以及更高分辨率的 SAR 体制等新技术海面测高卫星的发展，海洋重力场的反演精度和分辨率还会得到进一步的改进。

1.2.6 卫星地球重力场技术基础内容各成分间的逻辑关系

卫星定轨、卫星加速度测量、星间距离测量、卫星重力梯度测量与海洋卫星测高是卫星重力技术不断精细化发展的技术体系。卫星定轨是卫星重力反演的最基本方法，对确定地球重力场的长波部分是有效的；卫星加速度测量是卫星精密定轨基础上的卫星非保守力加速度测量，联合卫星精密定轨可以实现地球重力场中长波部分的确定；星间距离测量是基于卫星定轨和卫星加速度测量的信息更加丰富的卫星定轨，在一定程度上也可理解为是简单化的卫星重力梯度测量，可以实现地球重力场中短波部分的确定；卫星重力梯度测量是在卫星定轨和加速度测量基础上，相对于卫星定轨和星间距离测量来说对地球重力场进行最为直接的测量，可实现地球重力场短波部分的有效确定；海洋卫星测高是在卫星精密定轨基础上卫星重力手段在海洋区域的延伸，可以实现地球重力场海洋区域超短波部分的探测。

1.3 卫星重力技术的发展前景

卫星重力技术发展得益于从卫星定轨到卫星加速度测量进而到星间测距乃至最新的卫星重力梯度测量等卫星重力观测新技术的逐步应用和卫星数据处理技术的不断进步，未来卫星重力的发展有赖于这些技术的进一步发展和综合应用。

1.3.1 更高精度的观测

卫星重力技术的核心是卫星定轨、星间测距、卫星加速度与重力梯度测量。从目前卫星重力技术发展的总体情况看，在可能的颠覆性卫星重力测量技术如相对论卫星重力测量等出现并达到实际应用水平之前，未来更高精度的卫星观测的实现依然有赖于上述技术的进一步发展及综合应用。

在卫星定轨方面，目前美国的 GPS 全球定位系统应用得最为广泛，随着全球 GNSS 体系的逐步完善，尤其是我国北斗系统的快速发展，未来基于 GNSS 的多频多系统综合应用在改善重力卫星定轨方面具有很好的发展潜力，尤其是在高精度参考重力场模型计算的卫星理论轨道和太阳光压与大气阻尼等非保守力模型的基础上，构建星载 GNSS 多模卫星轨道观测模糊度解算新技术，有望将重力卫星的定轨精度从目前的 3 ~ 5cm 提升至厘米乃至亚厘米级，这对于卫星重力场的恢复来说将是革命性的进步。此外辅助以更加丰富的卫星激光测距与 DORIS（卫星多普勒与无线电综合定轨定位系统）观测，也是改善目前重力卫星定轨精度的简单有效的手段。在星间测距方面，目前微波测距相对比较成熟，未来随着激光测距技术的发展，有望进一步改善星间测距及距离变率的测量精度。在星载加速度和重力梯度测量方面，目前的技术主要依赖于静电悬浮技术实现卫星加速度和重力梯度的高精度观测，未来随着材料、温控等卫星载荷和平台技术的进步，具有更大空间的卫星平台将实现更加厚重加速度计质量块在加速度计研制中的改进应用，并为卫星重力梯度仪研制中进一步加大加速度计对的间距提供更充分的空间，这必然会提升加速度计和重力梯度仪的观测精度。此外随着基于超导和量子干涉等新技术研制的加速度计的创新应用，卫星加速度和重力梯度测量精度有望得到进一步的提升。

1.3.2 更高分辨率的观测

由于地球重力场观测的精度和分辨率是相互依赖密不可分的，更高精度的卫星重力观测固然可提升原始精度上的分辨率。然而，分辨率提高的直接途径还是在保持观测精度的基础上进一步提高卫星定轨、星间测距、加速度与重力梯度观测的采样率，同时卫星重力任务的持续执行也可为重力场恢复提供空间上更加密集的观测数据，而且随着未来重力卫星数量的不断增多和观测时间的持续增加，也必然会积累数量上更加充足的原始观测数据，这也必然也会进一步提高卫星地球重力场恢复的分辨率，而且是在空间分辨率和时间分辨率两个方面的提高。

此外，未来重力卫星在编队卫星数量、卫星编队方式以及星间距离调整等星座设计方面的丰富和优化，如多星编队联合观测、多星组网测距等，均有助于进一步改善卫星重力场恢复的分辨率。

1.3.3 更严密的数据处理

卫星重力数据处理旨在通过对卫星定轨、星间测距、卫星加速度观测、重力梯度观测等数据的分析计算，利用卫星观测数据与地球重力场模型中引力位系数的关系，构建并求解卫星运动观测方程，进而反演地球重力位系数，并最终构建高精度高分辨率的地球重力场模型。

目前以重力位系数表示的地球重力场模型构建为目的的重力卫星观测数据处理技术可分为空域法和时域法两种。空域法不是对不同空间位置的各采样点的观测值的直接处理，而是将观测值统一归算到球面上然后进行网格化处理，将重力场建模问题转化为边值问题的求解。空域法的优点是因网格点数固定从而方程维数唯一，并且可以利用快速傅立叶变换的方法提高数据处理速度。其不严密之处是在进行快速傅立叶变换的网格化处理中对数据进行了不同程度的近似处理，并因此造成观测信息不同程度的损失。空域法的未来发展会越来越多地被时域法所替代，但随着观测数据的增多导致的计算量的增大，空域法依然有着难以被完全替代的优势。

时域法是将不同时间采样的卫星观测数据按时间序列直接进行处理，把观测值对应的卫星轨道表示成引力位系数的函数，由最小二乘、预处理共轭梯度等方法实现引力位系数的求解。时域法的优点是可直接对卫星数据进行处理，这样不仅能避免观测信息的损失，而且方便对观测数据噪声的处理，并因此可实现地球重力场更高精度的恢复。其不足之处是随着观测数据的增多和观测方程数量的增加，导致计算量陡增。时域法的未来发展显然离不开计算机性能的提升，但在全波段重力场位系数的求解过程中，对加速度、动力学法、能量守恒法的综合应用也将发挥不可忽视的关键作用。

无论是空域法还是时域法，二者都是直接或间接地将不同时间获取的不同空间的观测值表示成重力位的函数，然后通过球谐展开、傅立叶变换或小波分析等数学手段建立起时空域离散观测与频谱域连续模型之间的关系，从而实现重力场模型的构建。而且无论是空域法和还是时域法，二者都离不开对卫星观测数据的有效预处理：要么是基于地面观测等先验信息的数据改正，如卫星在轨检校改正，海潮、固体潮、地球自转等地球物理场模型改正等；要么是基于概率统计的噪声数据移除，如最小二乘平差、高斯滤波等预处理过程；要么是基于插值、机器学习或深度学习的卫星重力观测超分辨率重建技术的应用，如融合高精度高分辨率的地面重力观测、高精度高分辨率地形或海底地形测量数据、地壳地幔等地球地质构造模型数据，通过人工神经网络等机器深度学习算法，实现原始重力观测数据的超分辨率重建。尤其是超分重建技术，其在重力场模型构建方面虽还鲜有应用，但随着计算机人工智能技术的快速发展，定会表现出令人意想不到的活力，有望成为卫星地球重力场建模数据处理技术领域新的发展方向。

1.4 卫星重力技术的应用

卫星重力是继卫星导航定位之后，地学观测领域的又一重大科学进展。卫星重力大大提高了地球重力场和大地水准面的精度，并可测定高精度的时变重力场，为地球重力场模型构建提供崭新数据。卫星重力可以高效快速地获取地球重力场及其时空变化信息，这些信息是地球物质空间分布及其运动变化的反映。确定地球重力场的精细结构及其时变不仅是大地测量与地球动力学应用的需求，也是地质调查与资源勘探及变化监测、海洋动力学、军事等应用领域重要的基础地理信息资源。

1.4.1 大地测量与地球动力学应用

构建高精度高分辨率的地球重力场模型是物理大地测量最为核心的任务，卫星重力可以有效改善地球重力场和大地水准面的精度，尤其是中长波部分。同时基于高精度的地球重力场和大地水准面，又可利用卫星定位观测的大地高获取地形高程。而高精度高分辨率地球重力场模型本身也可作为卫星重力应用的基础数据，为地球动力学研究提供必要的参考基准。在大地测量领域，地球重力场对研究地球形状和精确求定地面控制点的三维坐标起着重要作用。在固体地球物理学中，基于地球重力场可以研究地球的内部构造和板块运动。

卫星重力可以快速实现全球覆盖，对于大尺度的重力变化探测具有独特的技术优势，最初是利用卫星重力开展全球性构造研究，并利用低阶项系数研究全球性地幔内部的密度界面起伏以及利用卫星重力资料研究岩石圈底部应力场。随着空间技术的进步，卫星重力资料的精度和分辨率不断提高，我们不仅可以得到高精度静态地球重力场模型，还可以得到重要的时变地球重力场信息，这对于研究地球内部物理特性、地球深部结构及其在各种环境下的动力学特性、建立全球高程基准等方面都有重大应用价值，同时重力场的时变信息对于了解固体地球科学中某些地球动力学现象的时变过程和规律有重要作用。

1.4.2 地质调查与自然资源监测应用

重力勘探是根据物质密度分布的不均匀性导致的重力异常开展地质调查与自然资源监测的重要手段，重力异常是地球内部物质结构与运动的物理特性的一种表现，它与地球内部构造有着密切的关系，因此，可以利用重力异常和大地水准面起伏的精细结构来寻找矿藏和了解地质构造，反演出地球内部结构、地幔对流及板块运动等。

利用卫星重力的高精度快速覆盖能力，通过对卫星重力频谱分析可以得到石油、地下水、超大型隐伏重金属矿床等地质勘探目标的重力异常特征，并通过重力异常特征，进一步反演地质体的埋深、大小形状等几何参数以及密度等物理参数。尤其是在地面重力观测等约束信息条件下，重力反演的结果和质量会进一步提高，在地质构造研究、矿产勘查、油气资源调查、水文地质调查、地下水变化监测等方面发挥重要作用。

1.4.3 海洋动力学应用

如果海洋是静止的，海水面即可视为海洋大地水准面，长期以来我们也一直是把通过验潮等地面手段获得的平均海水面作为海洋大地水准面。而实际中的海洋是运动的，其主要形式为潮汐和洋流，这是海洋动力学的主要研究对象。潮汐主要源于日月运行导致的引力变化对海水的驱动，在沿岸地形的约束和影响下表现为海水有规律地起落。洋流则是更典型更宏大更主要的海水运动的形式，是目前海洋动力学更普遍更前沿更深入的研究领域。

洋流发生的深层机理是海洋系统对地球自转和公转造成的地表动能和热能分布变化的均衡反应，其直接机制源于近地面大气运动形成的风的持续推动、海水温盐变化导致的海水密度的显著差异以及海水面与海洋大地水准面高差造成的海面地形的深度影响，分别对应的是风海流、密度流和补偿流 3 种洋流发生的全部机制类型。随着卫星重力技术的发展，在卫星测高获得海面大地高的基础上，即可根据卫星重力获得的海洋大地水准面精确计算海面地形，这在卫星重力出现之前是不可想象的，无论是对洋流或是潮汐研究来说，都是十分关键的基础研究要素，将海洋动力学研究及应用推向更精细更准确更及时的新的发展阶段。

1.4.4 军事应用

重力最初在军事领域主要用来消减各类间接瞄准武器和制导武器的偏差，远程火炮、导弹命中精度不仅取决于武器本身的性能，而且还取决于目标的坐标精度与飞行路线上的地球重力场，重力场的精度对远程火炮、导弹等间接瞄准武器和制导武器的命中精度有直接影响。卫星重力出现后，地球重力场精细结构的信息可有效提高武器的命中精度，尤其是对于洲际导弹来说，卫星重力对全球重力场的精准测量结果是影响其推进和制动的关键参数。

卫星导航出现后，虽然可根据实时定位的结果不断调整导弹的飞行，但相对于导弹的飞行速度，卫星定位的更新频率远达不到精准打击的要求，尤其是在后期飞行阶段，卫星定位信号受外部自然飞行环境影响严重而且还有可能受人为干扰，更加需要惯性导航的高时空分辨率的高精度观测配合。而惯性导航陀螺对飞行加速度的观测受重力加速度的影响，高精度高分辨率的地球重力场可有效实现制导武器的高精度实时定位，为武器制导提供更加有效的指挥信息。此外，在导弹中期在轨阶段，高精度高分辨率的地球重力场是导弹实时高精度定轨的关键要素，基于地球重力场模型的武器定轨信息不仅有利于对自身武器的指挥，还有利于对敌方在轨武器在轨运载过程中实施精准毁灭。

本书所述的卫星重力应用主要是对卫星重力场信息的应用，即利用由卫星获取的高精度高分辨率地球重力场开展地球整体监测应用（以大地测量与地球动力学为主）、陆地应用（以自然资源调查监测为主）、海洋上应用（以海洋动力学为主）以及军事上的应用（以武器飞行运载为主），这些应用，无论是从应用场景还是从技术内容来说，都具有很好的代表性，其他诸如在应急、地震、灾害等方面的应用基本都能在很大程度上分类划入上述类型，受篇幅所限，不再单独陈述。

此外，应该说明的是广义的卫星重力应用还包含卫星重力的技术应用，尤其是重力卫星技术，如重力卫星间的激光测距与微波测距等高精度测距技术、重力卫星的冷气推进电推进精细无拖曳推进技术等重力卫星测控技术的应用，这对于目前的导航定位卫星、光学与雷达卫星等卫星的技术升级具有十分重要的应用价值，与上述卫星主载荷技术升级具有同等重要技术价值并有望实现更好的技术应用效果，但受限于专业领域，在本书不做进一步的细化研究。

第 2 章　卫星重力测量技术

卫星重力测量的技术是根据卫星轨道受地球重力场摄动的原理通过精确确定卫星轨道实现对地球重力场的反演，其核心技术是消除空气阻尼和光压等非保守力对轨道的扰动因素，基于拉普拉斯方程建立的重力位与球谐展开系数的关系，进而通过精确的卫星重力摄动轨道计算球谐系数，建立以不同阶次的球谐系数表示的地球重力场的数学模型。一般意义上讲，利用普通的卫星轨道也能实现地球重力场的反演，重力卫星之所以被称为重力卫星，关键在于其特有的非保守力测量技术和更加精确的卫星定轨技术。在非保守力测量方面主要是利用加速度计对空气阻力与太阳光压造成的加速度进行精密测量，由于卫星轨道较低，相对于光压来说空气阻尼是非保守力的主要成分，因此重力卫星更倾向于采用流线型设计以降低卫星的面质比，但亦须保证一定面积的卫星太阳能帆板以确保卫星的供电能力。在卫星精密定轨方面，由于卫星主要依靠 GNSS 观测，相对于一般的星载 GNSS 接收机来说，重力卫星对 GNSS 接收机的性能要求和接收机天线相位中心结构的稳定性及位置精确性都有更高的要求。鉴于其上述技术特点，重力卫星的研制设计从最初的以加速度计为核心载荷的高低跟踪模式改进为以星间测距仪为核心载荷的低低跟踪模式，并进一步发展为以重力梯度仪为核心载荷的高低跟踪模式。本章根据卫星轨道观测模式的不同分别从高低跟踪和低低跟踪两种情况及卫星重力场建模技术等 3 个方面对卫星重力测量技术的进展简要介绍，作为卫星重力应用的技术基础，同时将与重力卫星检校相关的最新研究成果纳入卫星重力场建模技术进行比较详细的介绍。

2.1　卫星重力测量技术发展历程

卫星重力探测技术的发展大致可分为 3 个阶段。第一阶段为以 20 世纪 60 年代前期发展起来的光学技术卫星三角测量法为主要内容，该方法以恒星为背景通过对卫星的光学摄影来测定卫星在天球坐标系中的方位，然后以已知地心坐标的地面站为基线用方向交会法测定卫星的位置，受气象等条件限制，精度仅能达到几米或十几米。

第二阶段为以 20 世纪 60 年代中后期发展起来的包括 SLR（卫星激光测距）、Doppler（卫星多普勒测速）、DORIS（卫星多普勒无线电综合定轨定位系统）、PRARE（精密距离与距离变率测量系统）和海洋卫星雷达测高等在内的多种技术地面跟踪技术和卫星对地观测技术为主要内容。SLR、Doppler、DORIS 和 PRARE 技术属于距离交会法测定卫星位置；而海洋卫星雷达测高则是直接测定海洋大地水准面的形状，但须对测高卫星精密定轨，精度可以达到厘米。

第三阶段则是以 21 世纪初出现的 CHAMP、GRACE、GOCE 和 GRACE-FO 重力卫星计划为代表的卫星跟踪卫星和卫星重力梯度测量技术为主要内容。21 世纪的重力卫星计划以星载 GNSS 精密跟踪定轨为主要定轨技术，卫星上均装载了高精度的加速度计用来测定地球重力场的非保守力。此外，GRACE 采用了 K 波段星间微波测距技术来测定两颗卫星间的距离变率，GOCE 卫星上则安装了重力梯度仪以直接测定地球重力场重力梯度张量，GRACE-FO 卫星则可进一步利用高精度激光测距技术实现两颗卫星间更高精度的距离测量。在本阶段，重力卫星探测技术大大降低了大气对重力场反演结果的影响，大地水准面测定精度可以达到厘米。表 2.1 给出了国外 CHAMP、GRACE 和 GOCE 重力卫星计划的核心参数。

表 2.1　国外主要重力卫星计划核心参数

重力卫星	CHAMP	GRACE	GOCE
实施时间	2000 年	2002 年	2007 年
跟踪模式	SST-hl	SST-hl/ll	SST-hl/SGG
轨道倾角	87.3°	89.0°	96.5°
轨道高度	454km	~ 500km	250km
运行周期	>5a	>5a	>2a

注：SST-hl 为高低卫卫跟踪技术；SST-ll 为低低卫卫跟踪技术；SGG 为卫星重力梯度测量。

（1）CHAMP（Challenging Mini-Satellite Payload for Geoscience and Application）

由德国地学科学中心（GFZ）独立研究，也是世界上首次采用卫卫跟踪技术的重力卫星，于 2000 年 7 月 15 日成功发射，其工作原理如图 2.1 所示。CHAMP 卫星采用圆形近极轨道，轨道倾角 87.3°，偏心率 0.004，轨道高度 454km。CHAMP 卫星上搭载两个重要设备，一是星载 GPS 接收机，用以接收高轨 GPS 卫星信号以精密确定 CHAMP 卫星的轨道；二是三轴加速度计，放置在整个卫星系统的重心处，用以直接测量卫星所受的非保守力摄动。为了对磁场及大气、电离层进行监测，卫星上还安装有磁力仪等其他设备。CHAMP 重力卫星计划实施的主要目的为：

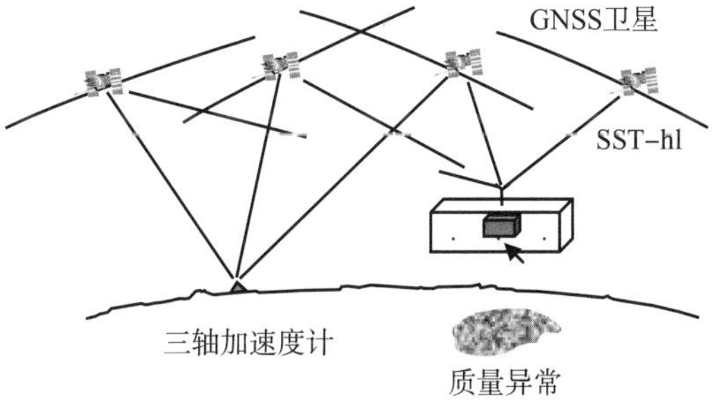

图 2.1　CHAMP 卫星工作示意图

1）确定全球中长波静态重力场及其随时间变化信息。

2）测定全球磁场和电场。

3）大气和电离层的探测。

（2）GRACE（Gravity Recovery and Climate Experiment）

由美德联合研制的重力卫星，于 2002 年 3 月 17 日发射成功，其工作原理如图 2.2

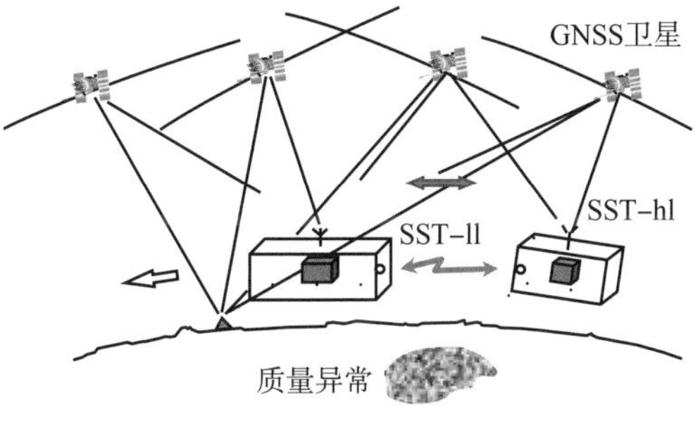

图 2.2　GRACE 卫星工作示意图

所示。GRACE 卫星轨道采用近极圆轨道设计，轨道倾角 89.0°，偏心率小于 0.005，轨道初始高度约 500km。GRACE 卫星计划采用低低卫卫跟踪技术，即同时发射相距约 220km 的两颗在同一轨道上的低轨卫星。两个低轨卫星通过星载 GPS 接收机准确确定其轨道位置；利用 K 波段测距（KBR）系统来连续监测两颗卫星间的距离变化，由此得到地球重力场的变化。卫星还携带了三轴重力加速度计（ACC）以获取卫星所受的非保守力摄动；装载了恒星敏感器，用于精密测量 GRACE 卫星的姿态。低低卫卫跟踪技术既包含了两组高低卫卫跟踪，还能以差分原理测定两个低轨卫星相互的运动，因此较之 CHAMP 卫星，精度大大提高。其主要科学目标是：

1）测定中长波地球重力场的静态部分。

2）监测 15 ~ 30d 或更长时间尺度长波重力场的时变特征。

3）探测和研究大气、电离层环境。

（3）GOCE（Gravity Field and Steady-State Ocean Circulation Explorer）

由欧空局（ESA）研制的重力卫星，2007 年 12 月 14 日发射，其工作原理如图 2.3 所示。GOCE 卫星设计寿命约为 2a，采用圆形近极轨道，轨道倾角 96.5°，偏心率小于 0.004，平均轨道高度约 250km。GOCE 卫星携带的设备除了高精度的三轴重力加速度计和星载 GPS 接收机等设备外，最重要的一点是装载了重力梯度测量仪，以用于地球重力场的直接探测。GOCE 计划的主要目的是提供高精度、高分辨率的静态重力场信息和研究海洋环流。相对于 CHAMP、GRACE 重力卫星计划，GOCE 重力卫星计划具有以下特点：

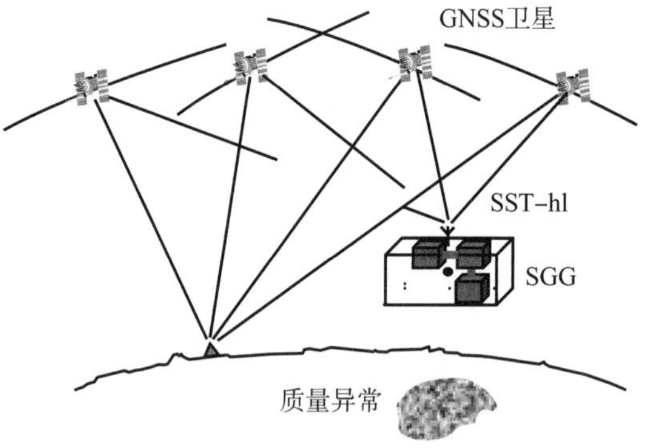

图 2.3　GOCE 卫星工作示意图

1）极低的卫星轨道（250km）。

2）与太阳同步的圆极轨道（倾角 96.5°）。

3）包括地面跟踪网站和不间断的 GPS 高低跟踪。

4）无非保守力影响的重力场信号。

5）通过差分加速度仪获得放大的重力场信号。

6）全张量的梯度仪。

CHAMP、GRACE 以及 GOCE 重力卫星计划的精度比较如表 2.2 所示。

表 2.2　CHAMP、GRACE 以及 GOCE 重力卫星计划的精度比较

重力卫星	CHAMP	GRACE	GOCE
精度	~ 1cm	~ 1cm	~ 1cm
半波长分辨率	650km	250km	70km
球谐系数阶数	30	80	300

近年来，利用 CHAMP、GRACE、GOCE 和 GRACE-FO 卫星数据恢复地球重力场的

研究十分活跃，已推出的一系列具有代表性重力场模型，其精度和分辨率明显优于已有EGM96模型。如已得到广泛应用的EGM2008模型可展开的阶次达到2000阶以上，对应的半波长分辨率达到5km，该模型采用了GRACE卫星跟踪数据、卫星测高数据和地面重力数据等，在该模型的基础上融合GNSS/水准数据有望获得更高精度的区域似大地水准面。这将有效地解决地球重力场中长波观测资料的缺乏，为建立统一全球高程基准等地球重力场的研究和应用的关键性问题创造新的契机。此外，基于CHAMP、GRACE、GOCE和GRACE-FO卫星重力计划工程经验以及在加速度测量、星间距离观测和卫星编队技术的改进优化，有望在不久的将来出现更加优秀的卫星重力测量系统。

2.2 卫星地球重力场模型

地球重力场模型是地球重力场的真实数学表示，可以表现为数字的形式或更加广义的重力图的形式，其本质内容就是给出地球上某一坐标位置的重力加速度，同时可以按照严密的数学关系转换成大地水准面高、重力异常或垂线偏差。卫星地球重力场模型则可以认为是基于卫星或重力卫星观测得到的地球重力场模型，国际上的卫星地球重力场模型一般由CSR、JPL、GFZ等机构根据GRACE、GRACE-FO、GOCE等地球重力卫星观测计算结果发布，目前模型的分辨率可达到360阶以上。武汉大学、同济大学等科研机构亦根据国外重力卫星数据计算了不同阶次的地球重力场模型，中山大学则根据天琴一号观测数据计算了较低阶次的卫星重力场模型。我国的重力卫星于2022年发射，目前已进入在轨运行阶段，预计很快将能出现根据中国自主重力卫星观测计算的地球重力场模型。

2.2.1 重力场模型的坐标表达

地球重力场模型可以用两种方式提供：一是格网化的平均重力异常，另一种是地球重力场模型的球谐展开系数。利用重力卫星数据恢复地球重力场，球谐系数表示的优点在于所有重力场参数都可用引力位的带微分算子的线性泛函表达，特别是包含重力场信息的卫星轨道摄动也是引力位的泛函，这有利于对各种卫星观测量利用相应的泛函关系建立观测方程。

假定地球外部无质量，则地球外部引力场是一个调和场，任意一点的引力位 V 满足Laplace方程，在球坐标系（r, θ, λ）下的形式为：

$$\Delta V = r^2 \frac{\partial^2 U}{\partial r^2} + 2r\frac{\partial U}{\partial r} + \frac{\partial^2 U}{\partial \theta^2} + \cot\frac{\partial U}{\partial \theta} + \frac{1}{\sin^2\theta}\frac{\partial^2 U}{\partial \lambda^2} = 0 \tag{2.1}$$

采用分离变量法，可得到该方程的一般解：

$$V(r,\theta,\lambda) = \frac{\mu}{r}\left\{1 + \sum_{l=2}^{\infty}\sum_{m=0}^{l}\left[\frac{a}{r}\right]^l (\overline{C}_{lm}\cos m\lambda + \overline{S}_{lm}\sin m\lambda)\overline{P}_{lm}(\cos\theta)\right\} \tag{2.2}$$

式中：μ 为地心引力常数（万有引力常数 G 和地球总质量 M 的乘积）；a 为地球平均半径；r, θ, λ 分别表示地心球坐标半径、地心余纬（$\theta = 90-$ 地心纬度 φ）和地心经度；l, m 表示球谐函数的阶，次；$\overline{C}_{lm}, \overline{S}_{lm}$ 表示完全规格化球谐系数，即位系数；$\overline{P}_{lm}(\cos\theta)$ 表示完全规格化Legendre缔合函数。

式（2.2）中的位系数是一个无穷集合$\{\overline{C}_{lm},\overline{S}_{lm}\}$。实用中，根据给定的或要求的分辨率（对应给定的波长或频率），通常将此球谐展式截止到一个最高阶 $l_{\max}$，则位系数的这个有限集合$\{\overline{C}_{lm},\overline{S}_{lm}\}$（$l$= 2,3,⋯, $l_{\max}$;m=0,1,⋯,l）就称为一个 $l_{\max}$ 阶地球重力场模型。在大地测量中将引力位表达为地球正常位 U 和扰动位 T 的和，即 $V=U+T$；在研究卫星轨道摄动中，通常又将引力位表示为地球中心位 μ/r 与摄动位 R 之和，即 $V=\mu/r+R$。

用球坐标表示卫星位置导致各种数学表达公式异常复杂，尤其对于变分方程，其表达式将冗长并且繁琐，因此，在实际的程序设计中，为了简化公式表达和减少计算时间，通常将重力位 V 和摄动位 R 模型表示成卫星笛卡尔坐标 X, Y, Z 的函数：

$$\begin{cases} V(X,Y,Z)=\dfrac{GM}{a}\sum_{l=0}^{\infty}\sum_{m=0}^{l}(E_{lm}\overline{C}_{lm}+F_{lm}\overline{S}_{lm}) \\ R(X,Y,Z)=\dfrac{GM}{a}\sum_{l=2}^{\infty}\sum_{m=0}^{l}(E_{lm}\overline{C}_{lm}+F_{lm}\overline{S}_{lm}) \end{cases} \tag{2.3}$$

类似于勒让德多项式的递推关系，E_{lm} 和 F_{lm} 可由下列递推关系得到，首先给出初始的零阶和一阶项值：

$$\begin{cases} E_{0,0}=\dfrac{a}{r},F_{0,0}=0 \\ E_{1,1}=\dfrac{\sqrt{3}Xa^2}{r^3},F_{1,1}=\dfrac{\sqrt{3}Ya^2}{r^3} \end{cases} \tag{2.4}$$

则由递推关系可以得到：

$$\begin{cases} E_{lm}=\begin{bmatrix} \sqrt{\dfrac{(2l+1)(2l-1)}{(l-m)(l+m)}}\cdot\dfrac{Za}{r^2}E_{l-1,m}-\sqrt{\dfrac{(2l+1)(l-m-1)(l+m-1)}{(l-m)(l+m)(2l-3)}}\cdot\dfrac{a^2}{r^2}E_{l-2,m},l\neq m \\ \sqrt{\dfrac{2m+1}{2m}}\cdot\left\{\dfrac{Xa}{r^2}E_{m-1,m-1}-\dfrac{Ya}{r^2}F_{m-1,m-1}\right\}, \qquad l=m \end{bmatrix} \\ F_{lm}=\begin{bmatrix} \sqrt{\dfrac{(2l+1)(2l-1)}{(l-m)(l+m)}}\cdot\dfrac{Za}{r^2}F_{l-1,m}-\sqrt{\dfrac{(2l+1)(l-m-1)(l+m-1)}{(l-m)(l+m)(2l-3)}}\cdot\dfrac{a^2}{r^2}F_{l-2,m},l\neq m \\ \sqrt{\dfrac{2m+1}{2m}}\cdot\left\{\dfrac{Xa}{r^2}F_{m-1,m-1}-\dfrac{Ya}{r^2}E_{m-1,m-1}\right\}, \qquad l=m \end{bmatrix} \end{cases} \tag{2.5}$$

可以首先计算所有的带谐项 E_{l0}（类似于球坐标表示，全部的 F_{l0}=0），然后计算所有的扇谐项 E_{mm} 和 F_{mm}（$m\geqslant 2$），剩余系数由式（2.5）计算。适用于上述问题的递推公式并不是唯一的，但是并不是所有的递推公式都能保证计算的稳定性，式（2.4）和（2.5）给出的递推公式具有很高的递推稳定性，即使低阶项中包含有微小的计算误差，也不会对高阶项产生大的累积误差。

2.2.2 模型阶数的特性

对于球谐展开的阶数 l 需要给予更多的注意，理论上，阶数越高越能准确地反映地球重力场的精细结构，但是随着对应的未知数的增多以及对观测数据的苛刻要求使得在现实中的实现变得困难，这里给出对应于阶数 l 的几点特性。

（1）重力场功率谱（阶方差）约束——考拉规则

由式（2.2）可以看出，随着展开阶数 l 的不断增大，由于 $a/r < 1$，球谐系数对重力位的影响也将越来越大。用 σ_l^2 表示 l 阶系数的阶方差，即 l 阶位场功率谱分量，1966 年考拉给出了此分量的一个理论公式，即著名的考拉规则：

$$\sigma_l^2 \approx \frac{10^{-10}}{l^4} \tag{2.6}$$

后用大量重力解的经验功率谱修正为

$$\sigma_l^2 \approx \frac{5\times10^{-11}}{l^4} \tag{2.7}$$

在用卫星观测数据恢复重力场的高阶位系数时，为获稳定解，常利用考拉规则引入高阶位系数的先验权，作为一种“松弛约束”，将高阶位系数看作零均值的直接（伪）观测量，按修正的考拉规则定义先验标准差，在法方程后附加约束方程 $\overline{C}_{lm} = 0 \pm 7\cdot10^{-6}/l^2$ 和 $\overline{S}_{lm} = 0 \pm 7\cdot10^{-6}/l^2$（$l = l_0,\cdots, l_{\max}$，$l_0 \sim l_{\max}$ 为加约束的高阶），再求联合解，在用 SLR 跟踪数据和 CHAMP 观测数据求解位系数时都曾应用过此方法。此外，考拉规则还普遍用于检验重力模型。

（2）卫星轨道高度的影响

式（2.2）中的因子 $\left[\frac{a}{r}\right]^l$ 随着 r（卫星高度）$> a$ 的增大，即 $a/r < 1$ 的值变小，对给定的阶数 l，此因子将以 l 次幂的速度衰减，表征扰动位场谱分量随轨高增大而衰减的速率。这表明，就目前卫星观测技术（例如测距或定轨）所能达到的灵敏度来说，一定的轨高只能检测到一个最高阶次的引力位摄动信号，更高阶次的信号不能分辨，重力卫星尽可能降低轨高就是力图提高卫星重力模型的最高展开阶次，获取更精细的重力场结构。

（3）观测数据采样率的影响——采样定理

当可检测的最高阶频谱信号一定，根据尼奎斯特采样定理，要求卫星重力观测保持相应的数据采样率。就地面重力数据而言，通常以等间隔格网平均值表示，格网大小代表数据分辨率（例如 0.5° ×0.5°，1.0° ×1.0° 分辨率），则所恢复的重力位模型的最高分辨率为：

$$RES(l_{\max}) = \frac{\pi a}{l_{\max}} \tag{2.8}$$

式中 $l_{\max}$ 为模型的最高阶。

表 2.3 给出了传统定义的重力场分辨率的表示。

表 2.3　地球重力场的波长范围表示

	波长范围			
类别	长波	中波	短波	超短波
波长 /km	> 8000	> 1000	> 500	< 200
模型最高阶	< 5	< 36	< 200	> 200
分辨率 / (°)	> 10	> 5	> 1	< 1

观测采样率要高于标称采样率，例如要求地面重力数据有 1.0° ×1.0° 分辨率，则一般应在 1.0° ×1.0°(100km×100km) 格网内均匀进行 4 点重力测量，即观测采样率为 0.5° ×0.5°；同理对卫星重力数据分辨率的要求也是这样，其空间分辨率则转换为时间采样率，如 1Hz 或 1/30Hz 采样等。一般来说，无论采用何种计算方法，恢复更高阶次的重力位模型，总是要求相应的更密更均匀的全球空间覆盖的观测数据，重力卫星（如 CHAMP、GRACE）较之于传统技术（如 SLR 跟踪）最大的优势就是能更好地满足这种要求。

2.3 地球重力场的恢复

利用卫星轨道摄动确定地球重力场是卫星重力技术的经典方法，如果利用精密定轨技术获得了重力卫星的精密轨道，则可通过数值积分技术解变分方程得到以位系数为待求参数的法方程。

对于低轨道重力卫星，包括已发射的 CHAMP、GRACE 和 GOCE，现在的精密定轨技术均可以实现几个厘米的高精度定轨。如果已知各种力模型，通过数值积分得到积分轨道与 GPS 卫星观测计算的精密轨道相比较，它们之间将不会完全重合，由于地球重力场、海潮、固体潮等各种模型不准确而引起差别。如果利用两种轨道的差别建立其与各种先验模型参数修正值间的关系，进而可以改进先验模型的参数，考虑到恢复地球重力场模型，假设除地球重力场摄动外的所有其他各种摄动均已准确测定（非保守力）或利用模型算出(第三体引潮力)，并利用先验重力场模型如 EGM96，同时引入卫星在初始时刻的状态向量作为增加的未知参数，则可以通过积分得到卫星轨道，再由最小二乘平差即可获得卫星初始时刻状态向量改正数以及相对于 EGM96 重力场模型参数的改正值。为了得到更为准确的结果，这个过程通常需要多次迭代，通过不断地改进卫星初始时刻的状态相量以及重力场模型的参数使得积分轨道越来越接近于真实的卫星轨道，最终获得精密的卫星轨道和更为精确的地球重力场模型，这即为利用卫星摄动轨道的数值积分方法恢复地球重力场的基本思想。

如果已经获得卫星的精密轨道和各种动力学模型参数的初值，则可将待估参数中经验摄动力模型参数去掉，同时将位系数等模型参数作为未知数，基于轨道初值和动力学模型参数初值，再利用轨道积分得到参考轨道以及其对各估计参数的偏导数，即可建立卫星摄动轨道的线性观测方程。

本书在此仅以动力法恢复地球重力场模型为例，对重力场模型恢复的数学方法进行简要推导。

在惯性坐标系 CIS 下，方程$m\ddot{\vec{r}}=\vec{f}$描述了卫星摄动运动，式中 $\vec{f}$ 即为卫星所受的全部摄动力向量，包括保守力和非保守力，$\ddot{\vec{r}}$ 为摄动加速度向量。上式为二阶常微分方程，可以等价降阶表示成两个一阶常微分方程：

$$\begin{cases}\dfrac{\mathrm{d}\vec{r}}{\mathrm{d}t}=\dot{\vec{r}}\\[2ex]\dfrac{\mathrm{d}\dot{\vec{r}}}{\mathrm{d}t}=\dfrac{\vec{f}}{m}\end{cases}\tag{2.9}$$

如果对各种摄动力模型确定了任意时刻对应的摄动加速度 $\vec{f}/m$，则由数值积分方法，以 t_0 时刻的初始状态矢量 $\vec{X}_{t_0}$ 为初值积分得到任意 t 时刻的状态矢量 $\vec{X}_t$，由于力模型参数以及初始状态向量中含有近似误差，使得积分得到的轨道与已知的由星载 GPS 观测得到的卫星精密轨道不能完全重合，产生残差 $\Delta\vec{X}$，如果认为这个残差仅由力模型参数误差 ΔP 以及初始状态向量误差 $\Delta\vec{X}_0$ 引起，则有：

$$\Delta\vec{X} = \boldsymbol{\Phi}\cdot\Delta\vec{X}_0 + \boldsymbol{S}\cdot\Delta P \tag{2.10}$$

式中：$\Delta\vec{X}$ 为卫星积分轨道与精密轨道在每个历元的残差；$\boldsymbol{\Phi}$ 和 $\boldsymbol{S}$ 为状态转移矩阵和参数敏感矩阵，等于每个历元卫星状态向量 $\vec{X}(t)$ 分别对初始状态向量 $\vec{X}(t_0)$ 和力模型参数 P 的偏导数：

$$\begin{cases} \boldsymbol{\Phi} = \left(\dfrac{\partial\vec{X}(t)}{\partial\vec{X}(t_0)}\right)_{6\times6} = \begin{pmatrix} \dfrac{\partial\vec{r}(t)}{\partial(\vec{r}(t_0),\dot{\vec{r}}(t_0))} \\ \dfrac{\partial\dot{\vec{r}}(t)}{\partial(\vec{r}(t_0),\dot{\vec{r}}(t_0))} \end{pmatrix} \\ \boldsymbol{S} = \left(\dfrac{\partial\vec{X}(t)}{\partial p}\right)_{6\times n_p} = \begin{pmatrix} \dfrac{\partial\vec{r}(t)}{\partial P} \\ \dfrac{\partial\dot{\vec{r}}(t)}{\partial P} \end{pmatrix} \end{cases} \tag{2.11}$$

式中：$P=(p_1,p_2,\cdots,p_n)$，包括各种力模型采用的参数，对于重力场模型，则对应于截断到 $l_{\max}$ 的位系数集合 $\{\overline{C}_{lm},\overline{S}_{lm}\}$。式（2.10）称为观测方程，$\Delta\vec{X}$ 视为观测量。

如前所述，对于无摄动的开普勒轨道两体问题的状态转移矩阵可以通过解析函数利用笛卡尔坐标和开普勒元素表示，但是对于低轨卫星考虑各种摄动力的影响，此种情况下将不可能获得一个解析解，而只能通过数值方法解状态转移矩阵和参数敏感矩阵的微分方程得到。因此，如果解得由变分方程描述的关于状态转移矩阵和参数敏感矩阵的微分方程，即可得到任意时刻的 $\boldsymbol{\Phi}$ 和 $\boldsymbol{S}$。变分方程的解即是通过解具有初值：

$$(\boldsymbol{\Phi}(t_0),\boldsymbol{S}(t_0)) = \begin{pmatrix} \dfrac{\partial\vec{r}(t_0)}{\partial(\vec{r}(t_0),\dot{\vec{r}}(t_0),P(t_0))} \\ \dfrac{\partial\dot{\vec{r}}(t_0)}{\partial(\vec{r}(t_0),\dot{\vec{r}}(t_0),P(t_0))} \end{pmatrix} = \begin{pmatrix} E_{6\times6} & 0_{6\times n} \end{pmatrix} \tag{2.12}$$

式（2.12）的数值积分问题，引用变分方程中的几个矩阵定义，$A(t)=\left(\dfrac{\partial\ddot{\vec{r}}}{\partial\vec{r}}\right)$，$B(t)=\left(\dfrac{\partial\ddot{\vec{r}}}{\partial\dot{\vec{r}}}\right)$，$C(t)=\left(\dfrac{\partial\ddot{\vec{r}}}{\partial p_{n_0}}\right)$ 和 $\begin{pmatrix}\Psi\\ \dot{\Psi}\end{pmatrix}=(\boldsymbol{\Phi},\boldsymbol{S})=\begin{pmatrix} \dfrac{\partial\vec{r}(t_0)}{\partial(\vec{r}(t_0),\dot{\vec{r}}(t_0),P)} \\ \dfrac{\partial\dot{\vec{r}}(t_0)}{\partial(\vec{r}(t_0),\dot{\vec{r}}(t_0),P)} \end{pmatrix}$，那么由各种摄动加速度的偏导数即可得出上述变量的具体解析表达式，其中 $A(t)$ 为摄动加速度对卫星位置的偏

导数。由于仅有大气阻力摄动与卫星速度相关，所以 $B(t)$ 为大气阻力加速度对卫星速度的偏导数。对于 $C(t)$ 的确定，则与选择的模型参数相关，如果考虑重力场模型球谐系数 $\{\overline{C}_{lm},\overline{S}_{lm}\}$，同时考虑太阳辐射压系数 C_r 和大气阻力系数 C_D，则可以得到 $C(t)$。

若已知初始条件：

$$\begin{cases}\Psi(t_0)=\begin{pmatrix}1 & & & & & & 0 & \cdots & 0\\ & 1 & & & & & 0 & \cdots & 0\\ & & 1 & & & & 0 & \cdots & 0\end{pmatrix}_{3\times(6+n)}\\ \dot{\Psi}(t_0)=\begin{pmatrix} & & & 1 & & & 0 & \cdots & 0\\ & & & & 1 & & 0 & \cdots & 0\\ & & & & & 1 & 0 & \cdots & 0\end{pmatrix}_{3\times(6+n)}\end{cases} \tag{2.13}$$

式（2.13）的微分方程组：

$$\frac{\mathrm{d}^2\Psi}{\mathrm{d}t^2}=A(t)\cdot\Psi+B(t)\cdot\dot{\Psi}+C(t) \tag{2.14}$$

则由数值积分器通过数值积分得到任意历元的 $\begin{pmatrix}\Psi\\ \dot{\Psi}\end{pmatrix}$，即状态转移矩阵 $\boldsymbol{\Phi}$ 和参数敏感矩阵 $\boldsymbol{S}$。

具体到地球重力场位系数的计算，如果假定除地球重力场模型参数外，其余保守力摄动的模型参数有足够高精度，并且非保守力加速度由重力卫星的星载加速度计精确测得，则积分轨道与精密轨道的残差仅仅与卫星的初始状态和重力场模型参数有关，即重力场位系数，因此 $P=\{\overline{C}_{lm},\overline{S}_{lm}\}$， $\Delta P=\{\Delta\overline{C}_{lm},\Delta\overline{S}_{lm}\}$。若球谐展开到 90 阶，位系数总数 N 等于 8277（$N=l_{\max}^2+2l_{\max}-3$）。相应的，由于地球引力位摄动加速度对卫星速度的偏导数为零，所以 $B(t)=0$，$C(t)$ 则为一 3×8283 的矩阵（前 6 列等于零阵）。解具有初值条件的卫星摄动微分状态方程式（2.9）得到积分轨道，即可获得每个积分历元的轨道残差 $\Delta\vec{X}$，同时解微分方程组式（2.14），得到对应于轨道历元的状态转移矩阵 $\boldsymbol{\Phi}$ 和参数敏感矩阵 $\boldsymbol{S}$，最后得到时间序列的观测方程式（2.10），再由最小二乘方法即可解得初始状态向量和重力场位系数的改正数，如果仅仅为了确定重力场球谐系数，则可以通过法方程约化消除初始状态向量参数。一般情况下，法方程系数阵是满秩的，表示成法方程形式为：

$$\begin{bmatrix}N_{XX} & N_{XP}\\ N_{PX} & N_{PP}\end{bmatrix}\begin{pmatrix}\Delta\vec{X}_0\\ \Delta P\end{pmatrix}=\begin{pmatrix}R_X\\ R_P\end{pmatrix} \tag{2.15}$$

对上式约化消除初始状态参数向量可得到简化法方程如下：

$$\left[N_{PP}-N_{PX}N_{XX}^{-1}N_{XP}\right](\Delta P)=(R_P-N_{PX}N_{XX}^{-1}R_X) \tag{2.16}$$

最后的法方程是由每一个弧段对应的简化法方程式（2.16）叠加组成，解最终法方程即可求得位系数的改正数 $\{\Delta\overline{C}_{lm},\Delta\overline{S}_{lm}\}$。图 2.4 给出了动力学法解地球重力场位系数的流程。

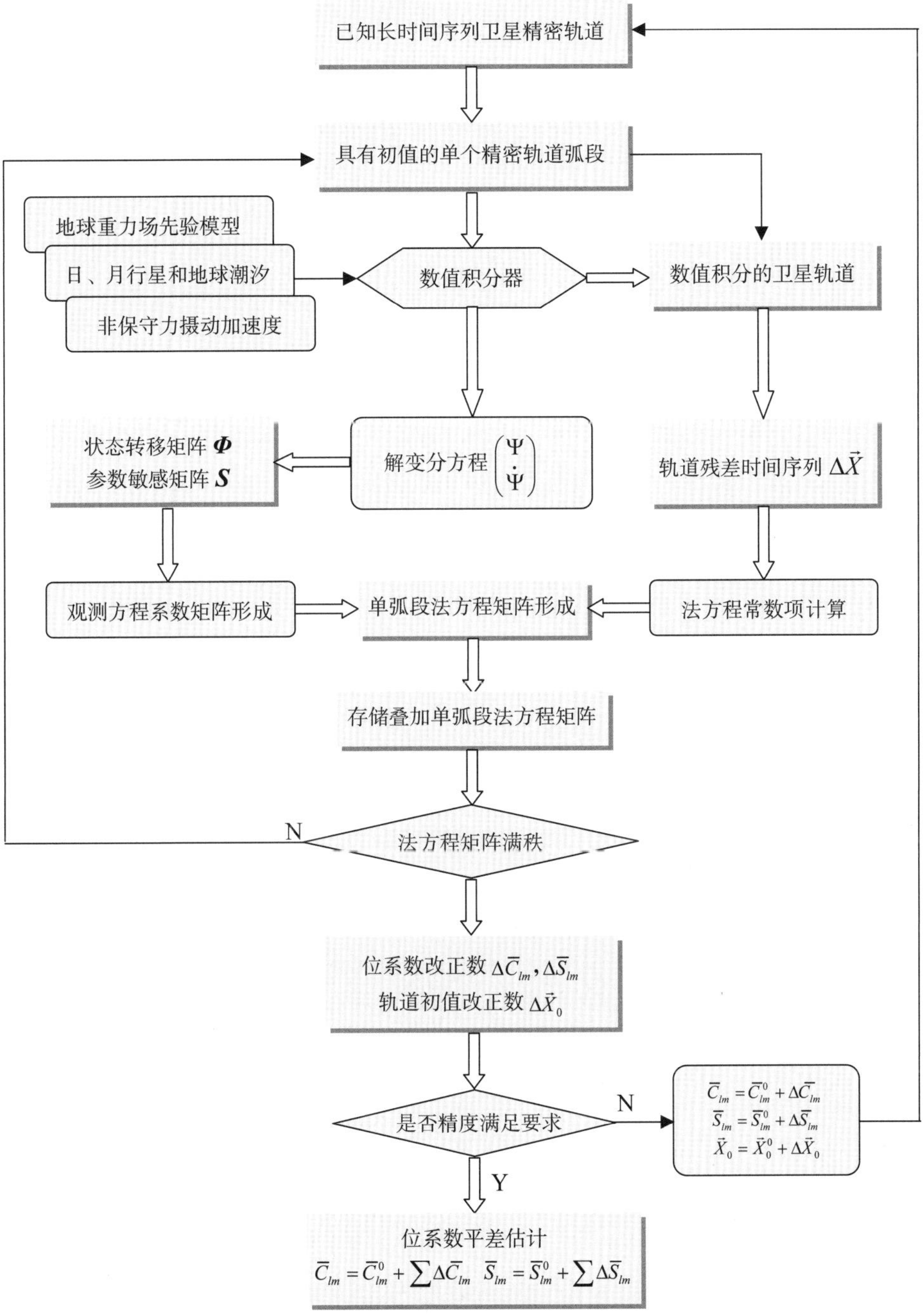

图 2.4　动力学法解地球重力场位系数的流程

2.4　重力场模型精度评定

常用的重力场模型精度评定方法主要有以下 7 种。

1）模型系数误差谱分析。绘制待评价模型的球谐系数与参考模型或“真实模型”的系数差值的误差谱分析，绘图时取常用对数。

2）地球重力位模型阶方差分析。地球重力位模型的阶方差反映了地球重力场信号的分布特性，根据 Kaula 准则，重力场信号阶方差模型可表示为：

$$\sigma_n^2 = \sum_{m=0}^{n}(\bar{C}_{nm}^2 + \bar{S}_{nm}^2) \tag{2.17}$$

3）模型系数误差的阶 RMS，即阶误差 RMS，计算公式为：

$$\sigma_n = \sqrt{\frac{1}{2n+1}\sum_{m=0}^{n}(\bar{C}_{nm}^2 + \bar{S}_{nm}^2)} \tag{2.18}$$

如果是待估模型相对于参考模型的阶方差，则有：

$$\sigma_n = \sqrt{\frac{1}{2n+1}\sum_{m=0}^{n}\left[(\bar{C}_{nm} - \bar{C}_{nm}^{\mathrm{ref}})^2 + (\bar{S}_{nm} - \bar{S}_{nm}^{\mathrm{ref}})^2\right]} \tag{2.19}$$

4）模型大地水准面和重力异常与“真实”重力位模型大地水准面和重力异常的比较。此时可以计算全球和典型区域（例如两极地区）的格网点值，也可计算沿纬圈的平均值。物理大地测量中，大地水准面和重力异常的计算公式如下：

$$N = \frac{GM}{r\gamma}\sum_{n=2}^{N_{\max}}\sum_{m=0}^{n}\left(\frac{R}{r}\right)^n\left(\bar{C}_{nm}^{*}\cos m\lambda + \bar{S}_{nm}\sin m\lambda\right)\bar{P}_{nm}(\cos\theta) \tag{2.20}$$

$$\Delta g = \frac{GM}{r^2}\sum_{n=2}^{N_{\max}}\sum_{m=0}^{n}\left(\frac{R}{r}\right)^n(n-1)\left(\bar{C}_{nm}^{*}\cos m\lambda + \bar{S}_{nm}\sin m\lambda\right)\bar{P}_{nm}(\cos\theta) \tag{2.21}$$

式中：γ 为地球平均正常重力；$\bar{C}_{nm}^{*}$为扣除正常椭球引力位系数后的球谐系数。

5）大地水准面和重力异常的阶误差及相应的累积误差分析。大地水准面和重力异常阶误差的计算公式如下：

$$\sigma_{N_n} = \left(\frac{GM}{a\gamma}\right)\left(\frac{a}{R}\right)^{n+1}\sqrt{\sum_{m=0}^{n}(\sigma_{\bar{C}_{nm}}^2 + \sigma_{\bar{S}_{nm}}^2)} \tag{2.22}$$

$$\sigma_{\Delta g_n} = \left(\frac{GM}{a^2}\right)(n-1)\left(\frac{a}{R}\right)^{n+2}\sqrt{\sum_{m=0}^{n}(\sigma_{\bar{C}_{nm}}^2 + \sigma_{\bar{S}_{nm}}^2)} \tag{2.23}$$

相应累积误差的计算公式如下：

$$\sigma_{N_n}^{(C)} = \sqrt{\sum_{i=2}^{n}\sigma_{N_i}^2} \tag{2.24}$$

$$\sigma_{\Delta g_n}^{(C)} = \sqrt{\sum_{i=2}^{n}\sigma_{\Delta g_i}^2} \tag{2.25}$$

式中：$\sigma_{\bar{C}_{nm}}^2, \sigma_{\bar{S}_{nm}}^2$ 表示球谐系数误差方差；a 为参考椭球长半轴。

6）大地水准面各阶平均误差和累积差异分析。计算公式为：

$$\zeta_n(N)=R\sqrt{\frac{1}{2n+1}\sum_{m=0}^{n}\left[\left(\overline{C}_{nm}-\overline{C}_{nm}^{\text{ref}}\right)^2+\left(\overline{S}_{nm}-\overline{S}_{nm}^{\text{ref}}\right)^2\right]} \tag{2.26}$$

$$\zeta_n(N)=R\sqrt{\sum_{n=2}^{N}\sum_{m=0}^{n}\left[\left(\overline{C}_{nm}-\overline{C}_{nm}^{\text{ref}}\right)^2+\left(\overline{S}_{nm}-\overline{S}_{nm}^{\text{ref}}\right)^2\right]} \tag{2.27}$$

7）利用 GPS/ 水准点的实测高程异常与重力场模型计算的高程异常相比较，重力场模型高程异常计算公式为：

$$\xi_M=\frac{GM}{(r_e+h)\gamma}\sum_{n=2}^{N_{\max}}\sum_{m=0}^{n}\left(\frac{a}{r_e+h}\right)^n\left(\overline{C}_{nm}\cos m\lambda+\overline{S}_{nm}\sin m\lambda\right)\overline{P}_{nm}(\cos\theta) \tag{2.28}$$

式中：r_e 为参考椭球面到地心的距离；h 为 GPS 测得的大地高。

GPS/ 水准点的实测高程异常可表示为：

$$\zeta_{\text{real}}=h-H \tag{2.29}$$

式中：H 为水准测得的正常高，于是模型计算的高程异常与实测值之差为：

$$\Delta\zeta=\zeta_M-\zeta_{\text{real}} \tag{2.30}$$

第 3 章　重力卫星在轨检校技术

21 世纪初，欧美相继成功实施了 CHAMP、GRACE 和 GOCE 卫星任务，地球重力场的信息量及中、长波探测精度均有了较大幅度的改善，尤其是以重力梯度仪为核心载荷的 GOCE 卫星，将人类对地球重力场的认知达到更高的分辨率和精度，根据其观测解算的地球重力场模型如 GO_TIM_R5，在 100km 空间分辨率上的大地水准面精度达到 2.4cm。

重力梯度测量卫星系统是一项复杂度高、精度要求高、工艺水平要求高的系统工程，在卫星重力技术领域，我国在超静超稳卫星平台、高精度静电重力梯度仪、高精度温度控制、卫星在轨质心测定与调整等平台和载荷研制等核心技术方面均取得突破性创新发展，但为进一步提高重力卫星的实际应用能力，除了需要在重力梯度仪、超静超稳平台等方面进行持续攻关和改进外，开展卫星重力梯度观测系统的检校是进一步挖掘重力梯度测量卫星的地球重力场探测能力，提升卫星重力梯度数据应用潜力的另一个有效途径，这可以在一定程度上弥补静电重力梯度仪研制瓶颈带来的困难，也是在梯度仪研制总体指标设定情况下降低研制投入的有效手段。本章借鉴 GOCE 卫星的成功经验和其项目实施过程中存在的问题，从基于重力场模型、地面重力观测和梯度仪加速计观测 3 个方面对梯度模式重力卫星的外部检校技术分类开展研究，为发展我国自主的重力梯度卫星提供技术支持。

3.1　梯度模式重力卫星检校技术基础

梯度模式重力卫星检校主要是利用独立于校准数据的地面重力、航空重力、海洋重力、卫星测高等多类观测数据，对校准参数的有效性及卫星重力场模型的精度进行综合分析评价，为卫星重力梯度的校准方法的选择和校准策略的实施，以及卫星重力梯度模型产品的应用提供借鉴和参考，其核心内容是对星载重力梯度仪的检校。

3.1.1　重力梯度仪的检校

静电重力梯度仪由 6 个单独的加速度计呈 Aguirre 结构排列而成，其制造工艺极为精密，对卫星平台的温度控制、稳定性控制等要求甚高。为消除重力梯度仪存在的二次项误差、加速度计三轴非正交误差、尺度因子误差、绝对偏差等，将卫星重力梯度观测系统校准分为 3 个步骤：地面校准、内部校准和外部校准。地面校准主要在卫星发射前在实验室完成，旨在获取精确的重力梯度仪的尺度因子等地面校准参数，确定梯度仪内部，及其与卫星平台的精确安装关系。内部校准，也称作在轨校准，是在卫星发射后，利用卫星各种传感器的输出数据，定期对梯度仪进行的校准工作。这是由于卫星发射过程产生的强冲量，以及卫星在轨空间重力环境的变化，会对重力梯度仪的内部结构，及其与卫星平台的安装关系持续产生影响，需要定期进行标定和改正。内部校准又分为两部分：第一是对梯度仪的检测质量施加已知的抖动，以调整检测质量位置，消除二次项误差；第二是逆校准矩阵的确定，确定加速度计的尺度因子等参数。外部校准，则是利用地面重力数据、重力场模型等外部独立观测信息，对内部校准参数进行改进和优化。在进行内部和外部校准时，一般基于加速度共模观测值（CM，Common Mode Acceleration）和加速度差模观测值（DM，Differential Mode Acceleration）进行，也可直接利用梯度观测值构建校准模型。

3.1.2 重力梯度卫星检校技术发展情况

随着 GOCE 卫星任务的实施，国外卫星地球重力场恢复领域的学者就重力梯度卫星检校技术开展了比较广泛和深入的研究，但国内在重力梯度测量卫星数据预处理技术方面的研究起步较晚，而且受欧空局仅公开提供 1b 级 GOCE 卫星数据的政策影响，国内在梯度模式重力卫星检校研究方面多为跟踪性研究。

在 GOCE 卫星发射前，相关研究主要是利用仿真数据开展卫星重力梯度观测系统校准理论及方法策略的可行性分析。国外，Arabelos 等（1998）利用最小二乘配置方法结合地面重力数据对卫星重力梯度数据的系统误差进行了校准分析，结果表明梯度观测值的偏差因子能够以高精度进行恢复。Koop 等（2002）讨论了利用全球重力场模型进行外部校准的方法和步骤，得出同时解算重力场模型和校准参数可得到更稳定结果的结论。利用局部重力数据进行外部校准需要利用最小二乘配置法（LSC）、积分方法、剪接法等技术进行重力信号的延拓和转换。Bouman 等（2004）分别利用高低卫卫跟踪卫星（SST-hl）、地面重力数据和全球重力场模型进行了卫星重力梯度外部校准，研究表明仅利用地球重力场模型的低阶项无法高精度恢复梯度仪尺度因子和偏差因子，需采用更高阶次的重力场模型；利用局部 LSC 方法结合地面重力数据可有效恢复重力梯度仪偏差因子；GOCE SST-hl 数据受到力模型误差的影响，不能够用于恢复加速度计的偏差因子。Rispens 等（2009）提出了利用已知的高精度全球重力场模型和星敏感器四元数来计算差分加速度，用于估计梯度仪尺度因子等引起的综合影响，结果显示该方法估计梯度仪尺度因子的精度在超敏感轴达到了 2×10^{-3}，次敏感轴达到了 10^{-2}。Visser（2009）分别利用先验重力场模型和星敏感器观测值、精密轨道数据对 GOCE 梯度仪 6 个加速度计的误差分别进行了仿真分析，表明三轴加速度计的尺度因子、偏差因子均可以得到较好的估计。Bouman 等（2009）在对 GOCE 数据的预处理技术研究的基础上，对 GOCE 梯度数据的重力场时变改正、粗差探测、外部校准中所采用的地球物理模型、数理估计方法和数据处理流程等进行了细化研究。国内，周泽兵等（2009）人就卫星重力测量中加速度计参数的外部校准方法开展了创新性研究，提出利用推进器推力、卫星旋转产生的离心力、引力开展加速度计标度因数在轨实时标定方法。罗志才、吴云龙等（2009）基于 GOCE 仿真数据开展卫星重力梯度数据的预处理方法以及基于全球重力场模型的卫星重力梯度的外部校准方法研究。

GOCE 卫星发射后，卫星重力梯度观测系统的校准与检验主要是开展不同校准方法的实测数据对比分析。Frommknecht 等（2011）就 GOCE 1b 级数据的处理过程和方法进行了系统性研究，发现内部校准参数具有线性漂移特性，对 V_{yy} 梯度分量影响较大，需要进行线性内插处理。Rispens 等（2011）提出了一种频域内的 GOCE 数据外部校准方法，证实重力梯度数据质量可得到明显改善。Siemes（2012）对 GOCE 卫星重力梯度仪的校准以及 1b 级数据处理进行了系统研究，并给出了较为详细的数据处理方案。Siemes 等（2012）提出了一种基于加速度计和星敏感器数据的内部校准方法，该方法不同于欧空局采用的基线方法，不依赖于先验重力场模型。Eshagh（2013）利用 EGM08 模型对 DIR1、DIR2 等 5 个 GOCE 重力场模型进行了球谐系数的可靠性分析和误差校准研究，表明联合校准后的重力场模型与 GPS/ 水准数据的吻合度更好。Sprlak 等（2015）提出一种基于卫星测高数据的卫星重力梯度数据的检验方法，可实现对 GOCE 梯度数据的独立检验。Visser 等（2016）利用精密轨道数据对 GOCE 加速度计进行了校准研究，计算得到了加速度计的偏差项。Visser（2018）利用星敏感器数据对 GOCE 卫星加速度计尺度和偏差因子的校准结果进行了检验，有效揭示了梯度仪敏感轴和非敏感轴的不同特性。Siemes（2018）研究发现 GOCE V_{yy} 分量中存在有二次项残差，且与时间线性相关，并利用重力场模型和 1b 数据对其进行了分析校准。Siemes 等（2019）利用不同星敏感器数据构建线性误差模型，实现了 GOCE 星敏感器观测值的校准。国内，徐天河等（2014）利用 GOCE 动力学轨道对加速度计偏差和尺度因子进行了计算，并基于能量守恒定律对加速度计校准结果进行了精度检验。徐新禹等（2015）利用 EIGEN-5C 等高精度全球重力场模型，确定了 GOCE 引力梯度张量的主对角线分量观测值的校准参数，分析了尺度因子的稳定性。邹贤才（2018）研究指出了 GOCE 普通模式加速度校准存在不严密性问题，并提出了分别校准 6 个加速度计，分离偏差参数的方案。

重力梯度卫星检校属于卫星重力梯度数据的预处理范畴，是卫星对地观测数据处理的基础。卫星重力梯度仪的超敏感特性、梯度数据的有色噪声特性以及超低卫星轨道特点等，决定了重力梯度卫星检校是卫星重力梯度数据处理的难点，这直接影响地球重力场模型的确定精度和应用水平。

3.2 基于先验重力场模型的卫星重力梯度测量外部检校

开展重力梯度数据的外部检校工作是梯度模式重力卫星数据处理工作的关键环节，经过外部检校后得到的高质量的重力梯度仪观测数据，是解算高精度高分辨率地球重力场模型，进而实现大地测量学及其他相关科学研究与应用的重要前提。受限于全球陆地和海洋重力观测数据的获取难度，利用先验重力场模型可以高精度地求定卫星重力梯度观测值校准参数，成为重力梯度观测数据处理中应用较为广泛的外部检校策略。本书主要研究基于先验重力场模型的卫星重力梯度测量外部校准方法，在推导和构建外部校准模型的基础上，确定高精度卫星重力梯度观测值的校准参数，并就重力梯度观测数据滤波以及不同先验重力场模型的校准结果进行具体分析。

3.2.1 基于先验重力场模型的卫星重力梯度外部校准原理

利用先验地球重力场模型开展重力梯度观测数据的外部校准是通过卫星重力梯度观测值与先验重力场模型计算的重力梯度张量之间的比对进行的，采用如下的校准模型：

$$E\left\{V_{ij}^{r}(t)\right\}=\lambda_{ij}\cdot V_{ij}(t)+b_{ij}+y\cdot t+\sum_{k=1}^{K}[a_k\cos k\omega(t)+b_k\sin k\omega(t)]\quad i,j=x,y,z \tag{3.1}$$

式中：E 是期望算子；$V_{ij}^{r}(t)$ 是真实的卫星重力梯度值，但是实际中该真实值是无法得到的，这里一般用先验重力场模型值 $V_{ij}^{m}(t)$ 代替，并转换至重力梯度仪坐标系；λ_{ij} 是尺度因子；是卫星重力梯度实际测量值；b_{ij} 是偏差；y 代表趋势项；$\omega=2\pi t/T$，t 为时间，T 为平均轨道周期；a_k，b_k 是傅立叶系数。这里未知数个数共有 $3+2k$ 个，即尺度因子、偏差、趋势项以及 $2k$ 个傅立叶系数。

考虑到重力梯度值的在轨变化特性，重力梯度观测值尺度因子与趋势项及傅立叶系数会存在严重的相关性，导致估计结果不准确。只考虑尺度因子和偏差项，卫星重力梯度测量外部校准模型可写为：

$$V_{ij}^{m}(t)=\lambda_{ij}\cdot V_{ij}(t)+b_{ij} \tag{3.2}$$

误差方程可写为：

$$\boldsymbol{v}=\boldsymbol{Ax}-\boldsymbol{L} \tag{3.3}$$

其中 $\boldsymbol{v}=\begin{bmatrix} v(t_1) \\ v(t_2) \\ v(t_3) \\ \vdots \\ v(t_\tau) \end{bmatrix}$，$\boldsymbol{A}=\begin{bmatrix} V_{ij}(t_1) & 1 \\ V_{ij}(t_2) & 1 \\ V_{ij}(t_3) & 1 \\ \vdots & \vdots \\ V_{ij}(t_\tau) & 1 \end{bmatrix}$，$\boldsymbol{L}=\begin{bmatrix} V_{ij}^{m}(t_1) \\ V_{ij}^{m}(t_2) \\ V_{ij}^{m}(t_3) \\ \vdots \\ V_{ij}^{m}(t_\tau) \end{bmatrix}$，$\boldsymbol{x}=\begin{bmatrix} \lambda_{ij} \\ b_{ij} \end{bmatrix}$，$\tau$ 为一个校准周期内观测值个数。

利用最小二乘估计可得：

$$\boldsymbol{x}=(\boldsymbol{A}^{\mathrm{T}}\boldsymbol{PA})^{-1}\boldsymbol{A}^{\mathrm{T}}\boldsymbol{PL} \tag{3.4}$$

求出的外部校准参数 $\boldsymbol{x}$，即为尺度因子和偏差。

3.2.2 基于 GOCE 实测数据的校准实验分析

本书在利用先验地球重力场模型开展卫星重力梯度观测数据的外部检校研究中，以 GOCE 卫星 1b 级重力梯度观测数据为例进行了校准实验分析，时间自 2011 年 2 月 11 日至 2011 年 6 月 23 日，数据采样率为 1s，校准周期为每 7d 一次。需要说明的是，这里的观测数据经过了时变信号改正以及粗差探测处理。此外，在计算模型重力梯度值时，还需采用的数据有重力梯度坐标系相对于惯性坐标系的姿态四元数数据 EGG_IAQ 以及精密科学轨道数据 SST_PSO_2。

图 3.1 为 2011 年 2 月 11 日 GOCE 重力梯度观测值的时间序列。从图中可以看出，V_{xx}、V_{yy}、V_{zz}、V_{xy}、V_{xz}、V_{yz}6 个分量的大小分别在 −800E、−2700E、2500E、−1575E、−50E 和 -2.82×10^4E 量级。V_{xx}、V_{yy}、V_{zz} 3 个主对角线分量的和约为 −1000E，即重力梯度张量的迹不为零，这主要是因为主对角线分量上存在着较大的偏差导致的。此外，V_{xy} 分量上除了偏差外，还存在非常明显的噪声信号，V_{yz} 分量信号量级要大于其他分量。

GOCE 重力卫星重复轨道周期为 61d，轨道子周期为 20d，校准时段前 7d，即 2011 年 2 月 11 日至 17 日的卫星轨迹如图 3.2 所示。可以看出，两极各有约 6.6° 的空白区域，这是由卫星轨道倾角造成的。利用先验重力场模型，结合卫星轨道数据，即可计算得到卫星轨道处的模型重力梯度张量。

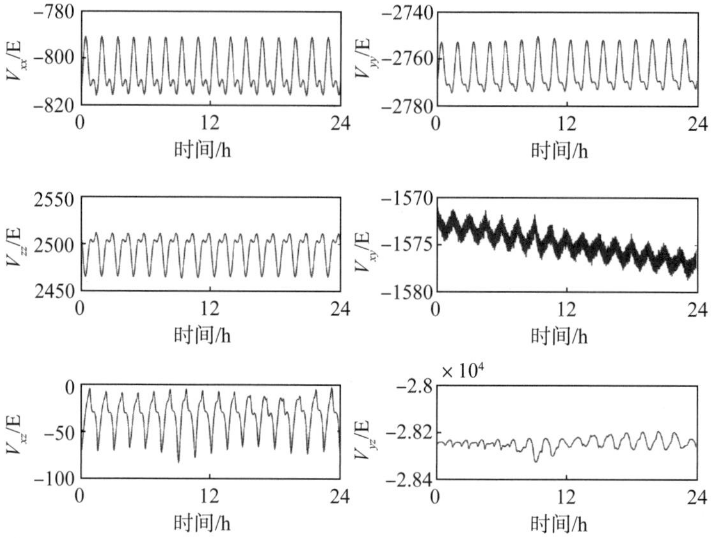

图 3.1　GOCE 重力梯度观测值时间序列

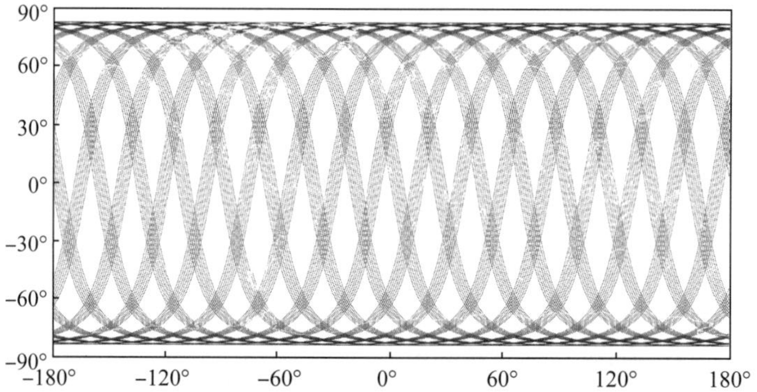

图 3.2　GOCE 重力卫星精密轨道（2011 年 2 月 11 日至 17 日）

图 3.3 为利用 180 阶 EGM2008 重力场模型计算得到的重力梯度值时间序列。从该图可以看出，V_{xx}、V_{yy}、V_{zz} 3 个主对角线分量上模型重力梯度值的大小分别在 −1360E、−1360E 和 2700E，3 个分量之和接近于零，也就是说模型重力梯度张量的迹约为零，这与理论值接近。此外，模型重力梯度值 V_{xy} 和 V_{yz} 两个分量的大小分别在 ±2E 和 ±100E 之间，这要比 GOCE 卫星实际重力梯度观测值低 3 个量级左右，而 V_{xz} 分量上的差异并不大。

将卫星重力梯度观测值与重力梯度模型值代入校准模型，经最小二乘估计后得到的尺度因子结果如表 3.1 所示。从表中可以看出，重力梯度张量 6 个分量上尺度因子的平均值均接近于 1，这说明在校准时段内，卫星重力梯度仪的整体运行较为稳定。V_{xx}、V_{yy}、V_{zz}、V_{xz} 分量的标准差最小，在 10^{-4} 量级，其次为 V_{yz} 分量，标准差为 10^{-3} 量级，V_{xy} 分量尺度因子的标准差最大，仅为 10^{-2} 量级，这与卫星重力梯度仪各轴的敏感特性相一致，即 V_{xx}、V_{yy}、V_{zz}、V_{xz} 分量为观测值的超敏感分量。因此可以认为，利用先验重力场模型对重力梯度卫星进行外部校准时，超敏感轴尺度因子的确定精度能够达到 10^{-4} 水平，而非敏感轴在 10^{-2} ～ 10^{-3} 水平。

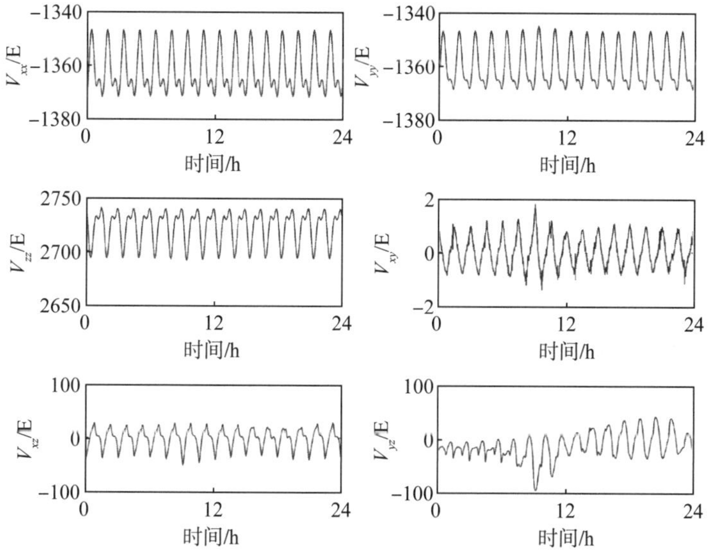

图 3.3 EGM2008 重力梯度模型值时间序列

表 3.1 利用 EGM2008 重力场模型校准得到的尺度因子

分量	最大值	最小值	平均值	标准差
V_{xx}	1.0005	0.9981	0.9996	9.6×10^{-4}
V_{yy}	1.0001	0.9923	0.9956	8.4×10^{-4}
V_{zz}	0.9997	0.9972	0.9984	7.2×10^{-4}
V_{xy}	1.0023	0.9007	0.9467	4.1×10^{-2}
V_{xz}	1.0008	0.9970	0.9991	8.7×10^{-4}
V_{yz}	0.9961	0.9782	0.9878	3.4×10^{-3}

图 3.4 和图 3.5 分别为校准确定的尺度因子和偏差变化情况。如图 3.4 所示，重力梯度张量 V_{xy} 分量尺度因子变化范围较大，其波动也大，其次为 V_{yz} 分量，其余尺度因子变化范围较小，且相对稳定，这也反映出重力梯度仪在 V_{xy} 和 V_{yz} 两个分量的观测精度明显要低于其他分量。如图 3.5 所示，重力梯度张量 6 个分量上的偏差数值均比较大，这说明 GOCE 卫星重力梯度观测值中存在的系统误差主要表现为偏差。

为了进一步比较分析先验重力场模型的阶次对卫星重力梯度观测值校准结果的影响，表 3.2 给出了分别采用 100 阶、180 阶、300 阶以及 360 阶的 EGM2008 重力场模型计算的重力梯度张量各分量尺度因子的标准差。如表 3.2 所示，不同阶次的先验重力场模型校准确定的重力梯度张量各分量的尺度因子标准差基本没有差异。考虑到卫星重力梯度测量探测能力，先验重力场模型阶次选择 180 ~ 300 阶较好。

表 3.2 不同阶次的 EGM2008 重力场模型校准得到的尺度因子的标准差

模型阶数	重力梯度分量					
	V_{xx}	V_{yy}	V_{zz}	V_{xy}	V_{xz}	V_{yz}
100	9.6×10^{-4}	8.5×10^{-4}	7.2×10^{-4}	4.1×10^{-2}	8.7×10^{-4}	3.4×10^{-3}

续表

模型阶数	重力梯度分量					
	V_{xx}	V_{yy}	V_{zz}	V_{xy}	V_{xz}	V_{yz}
180	9.6×10^{-4}	8.4×10^{-4}	7.2×10^{-4}	4.1×10^{-2}	8.7×10^{-4}	3.4×10^{-3}
300	9.6×10^{-4}	8.2×10^{-4}	7.2×10^{-4}	4.1×10^{-2}	8.7×10^{-4}	3.4×10^{-3}
360	9.6×10^{-4}	8.4×10^{-4}	7.2×10^{-4}	4.1×10^{-2}	8.7×10^{-4}	3.4×10^{-3}

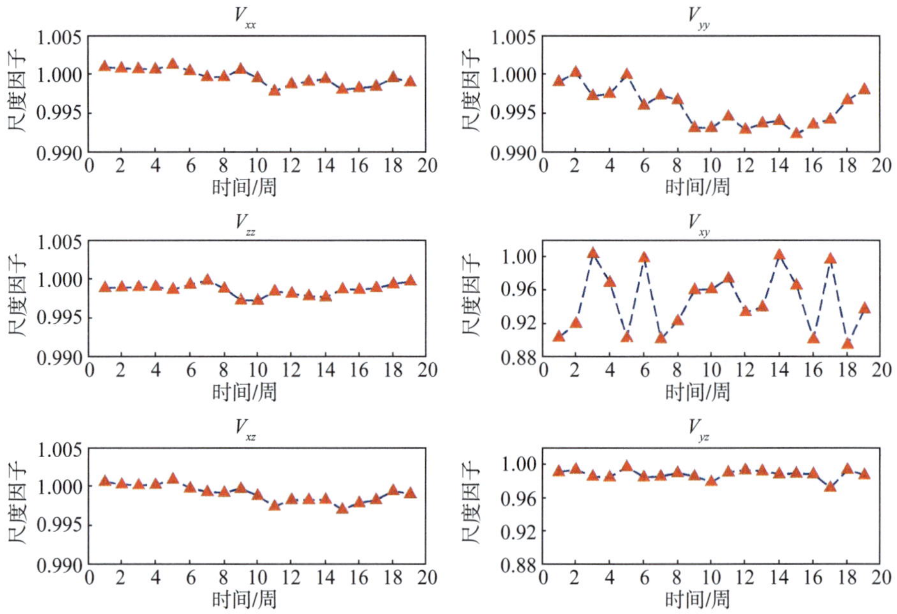

图 3.4　校准得到的重力梯度观测值尺度因子

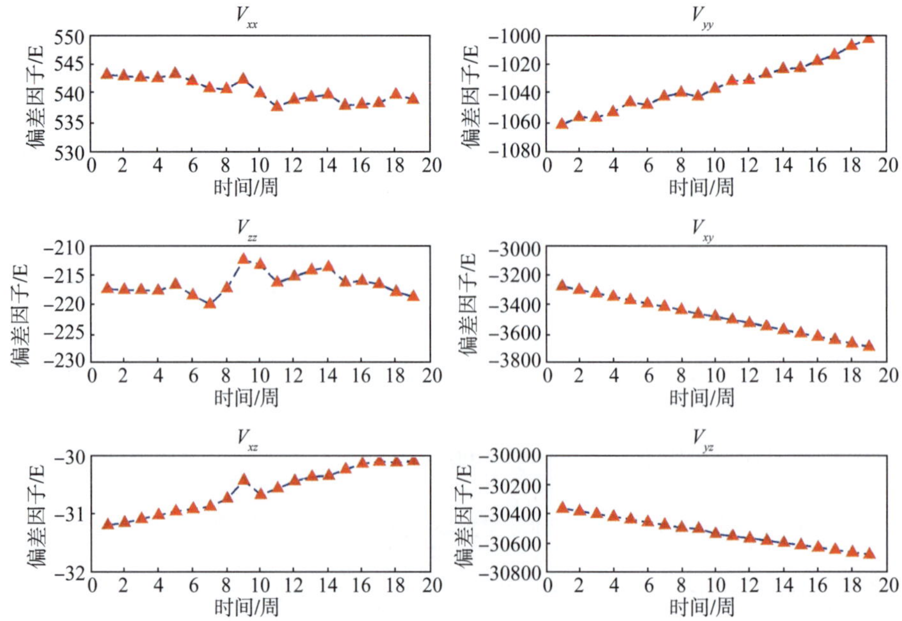

图 3.5　校准得到的重力梯度观测值偏差

3.2.3 基于不同先验重力场模型的校准实验分析

3.2.3.1 重力梯度观测值的滤波

由于卫星重力梯度仪受到测量带宽的限制，重力梯度观测值中不可避免地存在噪声信号，这会影响校准参数的确定精度。图 3.6 和图 3.7 分别为卫星重力梯度张量观测值和模型值的功率谱密度图。

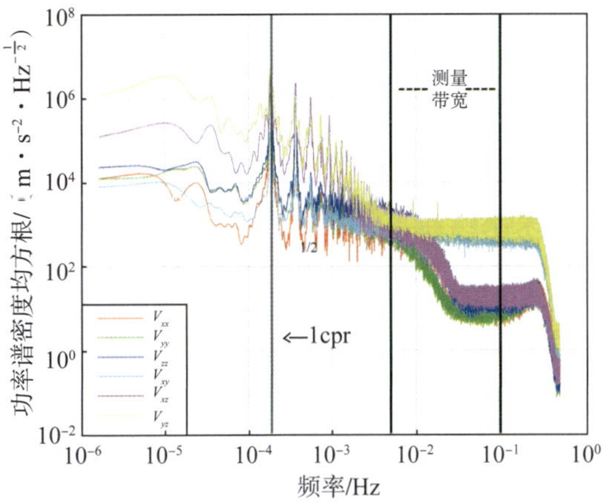

图 3.6 GOCE 重力梯度张量观测值的功率谱密度

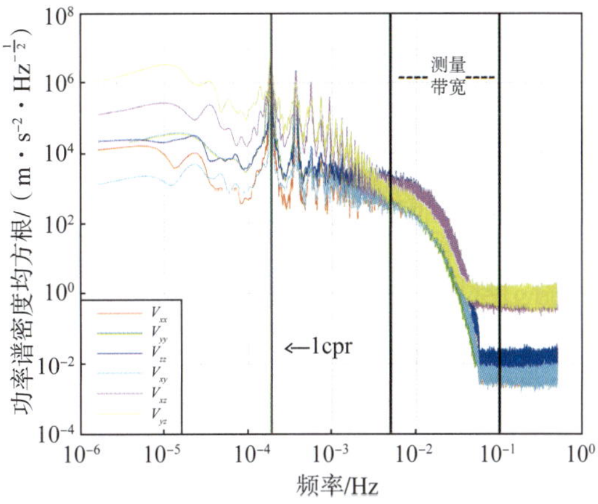

图 3.7 重力梯度张量模型值的功率谱密度

结合卫星重力梯度观测值误差特性，从图 3.6 和图 3.7 中可以分析得出，重力梯度观测值测量带宽以下的噪声较大，尤其在 1 ~ 4cpr（cyle per revolution, $1\text{cpr} \approx 1.9 \times 10^{-4}\text{Hz}$）噪声信号占主导地位。在测量带宽内，频率在 $5 \times 10^{-3} \sim 3 \times 10^{-2}$ Hz 时，重力梯度张量 V_{xx}、V_{yy}、V_{zz} 和 V_{xz} 分量重力梯度测量信号占优，噪声信号相对要小，大约为 10 ~ 20mE，而 V_{xy} 和 V_{yz} 分量仍以噪声为主，在 1E 左右；频率在 $3 \times 10^{-2} \sim 0.1$Hz 时，重力梯度张量观测值的功率谱密度图开始保持平稳，而模型值 V_{xx}、V_{yy}、V_{zz} 和 V_{xz} 分量的功率谱密度仍继续下降，V_{xy} 和 V_{yz} 分量的功率谱密度开始变得稳定，此时重力梯度张量 6 个分量的噪声信号要大于重力梯度观测信号。高于测量带宽的部分，特别是当频率大于 0.2Hz 时，重力梯度张量观测值各分量的功率谱密度急剧减小至 mE 水平，而模型值功率谱密度一直比较小，V_{xx}、V_{yy}、V_{zz} 和 V_{xz} 分量为 10^{-2}mE 左右，V_{xy} 和 V_{yz} 分量在 mE 量级，说明该频段仍以噪声信号为主，噪声大小总体呈现减小趋势。

为了抑制卫星重力梯度张量观测值中低频部分噪声信号对求定校准参数的影响，本书参考了 Bouman 等所采取的滤波方法，在校准前对卫星重力梯度张量观测值与模型值同时进行巴特沃斯高通滤波。在设计滤波器时，其阶数设置为 2，通带截止频率为 0.003Hz。图 3.8、图 3.9 和图 3.10 分别为高通滤波后卫星重力梯度张量观测值、模型值以及两者残差（即重力梯度张量观测值噪声）的功率谱密度图。由图 3.8 和图 3.9 可以看出，对于卫星重力梯度张量观测值和模型值，其低频部分的重力梯度张量信号得到了较大程度的抑制，但是在接近通带截止频率时，重力梯度张量信号的抑制效果不如低频部分明显，而测量带宽以上的重力梯度张量信号得到了完整保留。由图 3.10 可以看出，测量带宽以下，重力梯度张量观测值中的噪声信号也得到了较好的抑制，即使在接近测量带宽下限时，V_{xx}、V_{yy}、V_{zz} 和 V_{xz} 分量的噪声水平控制在 10 ~ 20mE 左右，与测量带宽内的观测值噪声水平相接近。这说明，采用高通滤波有效减弱了卫星重力梯度测量低频噪声信号，同时保留了测量带宽及以上频率的重力梯度信号，利于实现卫星重力梯度观测值的外部校准。

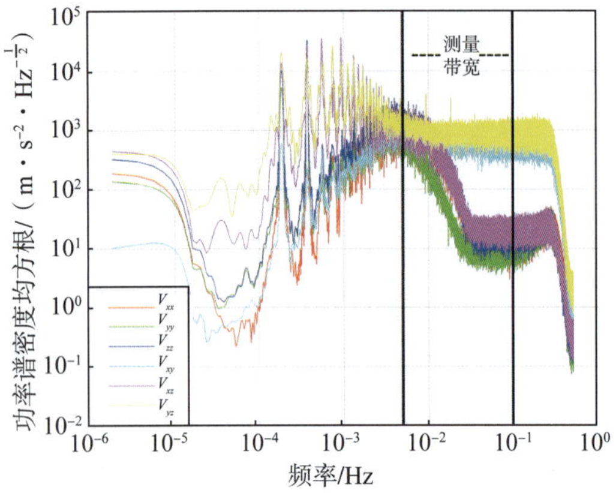

图 3.8　高通滤波后重力梯度观测值的功率谱密度

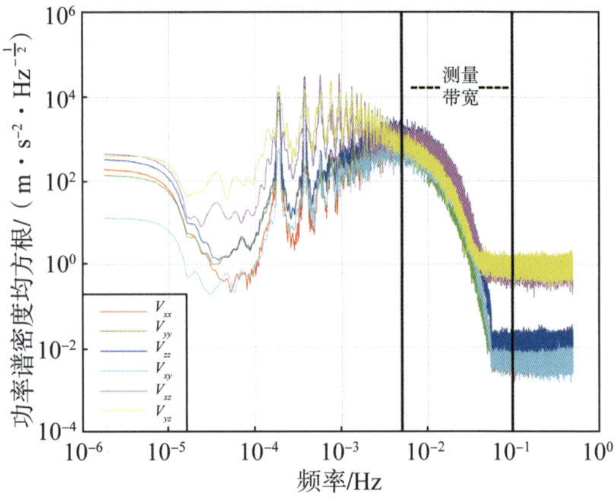

图 3.9　高通滤波后重力梯度模型值的功率谱密度

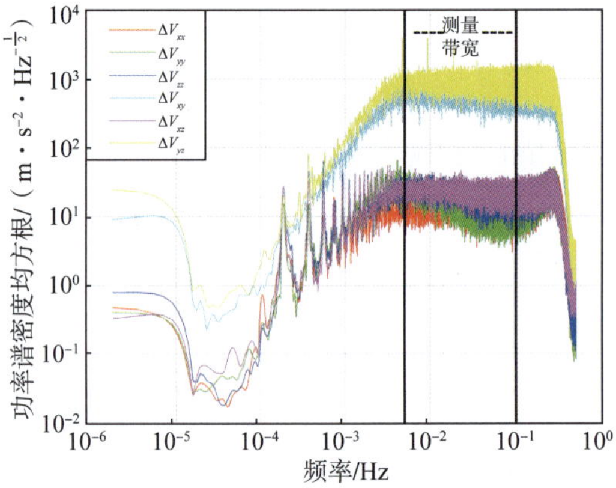

图 3.10　高通滤波后重力梯度观测值噪声的功率谱密度

3.2.3.2　不同先验重力场模型校准结果比较

本书利用 EGM96、EGM2008、GIF48、GGM05S、EIGEN-6C4、GO_CONS_GCF_2_SPW_R5（简称 SPW5）以及 SGG-UGM-1 共 7 个不同的先验重力场模型对 GOCE 重力梯度观测值进行了外部校准。所选的重力场模型均截断至 180 阶，同时顾及重力梯度低频部分存在较大的噪声信号，重力梯度张量观测值与模型值均采用了高通滤波进行处理。利用 7 种模型进行外部校准得到的尺度因子和偏差如图 3.11 和图 3.12 所示。

从图 3.11 可以看出，EGM96 模型校准的尺度因子明显偏小，其他 6 种模型校准得到的尺度因子更接近于 1，而且差异较小，这主要是由于 EGM96 模型精度较差引起的。对 GOCE 重力梯度分量而言，V_{xx}、V_{yy}、V_{zz}、V_{xz} 分量上尺度因子的变化范围要小于 V_{xy}、V_{yz} 分量。此外，利用 GGM05S 模型校准时，V_{yy} 分量上的尺度因子相比其他模型的结果偏小。GGM05S 模型是利用 GRACE 卫星数据得到的，GRACE 卫星采用高 - 低卫星跟踪卫星和低 - 低卫星跟踪卫星观测模式，其观测量分别对应卫星沿轨方向和径向方向，而法线方向的观测值不敏感，这可能是 GGM05S 模型校准结果出现差异的原因。从图 3.12 可以看出，对于 GOCE 重力梯度张量而言，V_{xx}、V_{yy}、V_{zz}、V_{xz} 分量观测值校准偏差在 10^{-3} mE 量级，V_{xy}、V_{yz} 分量观测值校准偏差达到 10^{-2} mE 量级，这与 GOCE 重力梯度仪的 Aguirre 结构在 V_{xx}、V_{yy}、V_{zz}、V_{xz} 分量上具有高测量精度的特性相一致；对不同重力场模型而言，EGM96 模型校准偏差与其他模型存在较大差异，尤其在高精度分量 V_{xx}、V_{yy}、V_{zz}、V_{xz} 上更为明显。

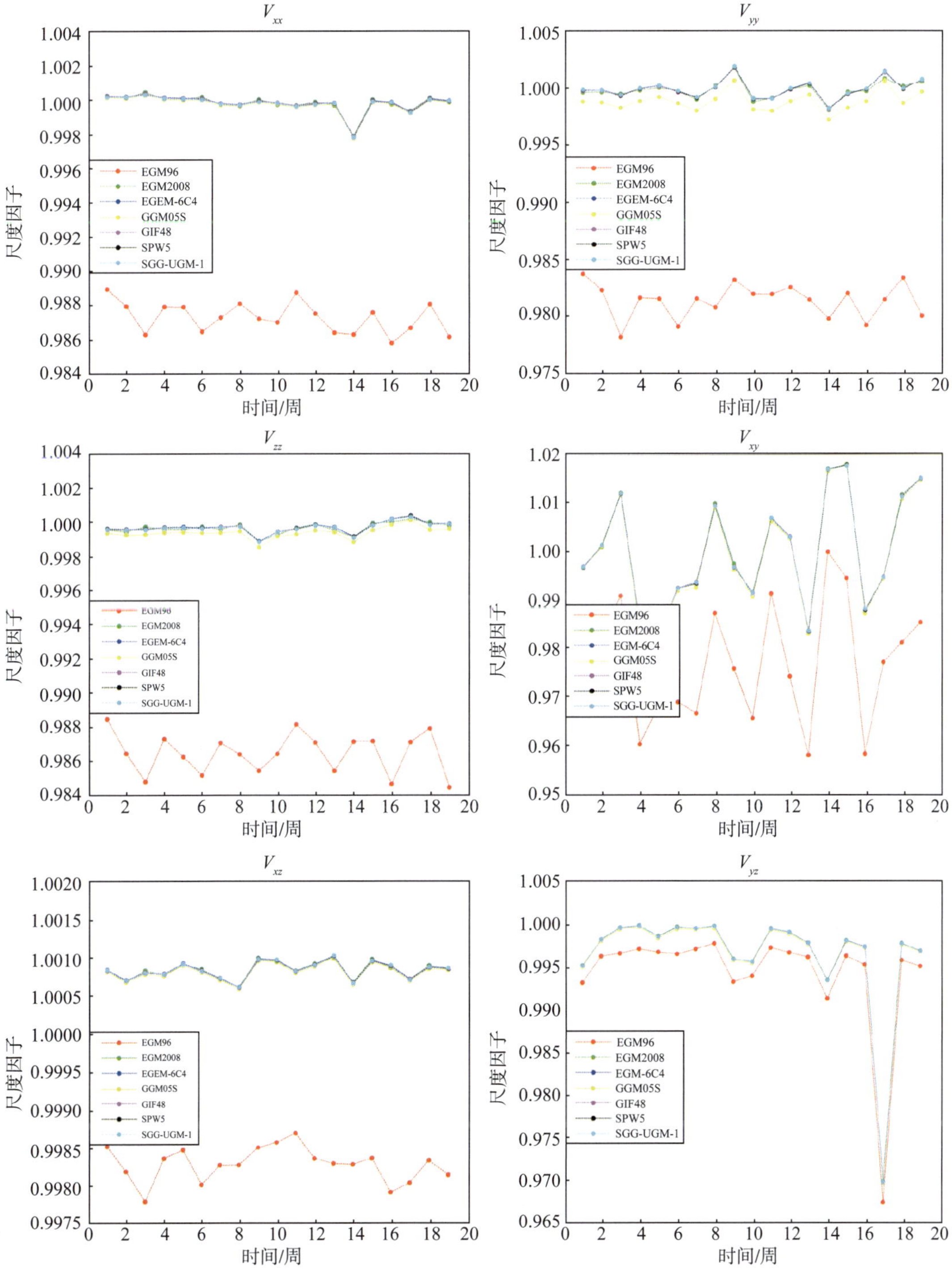

图 3.11　不同重力场模型计算的尺度因子

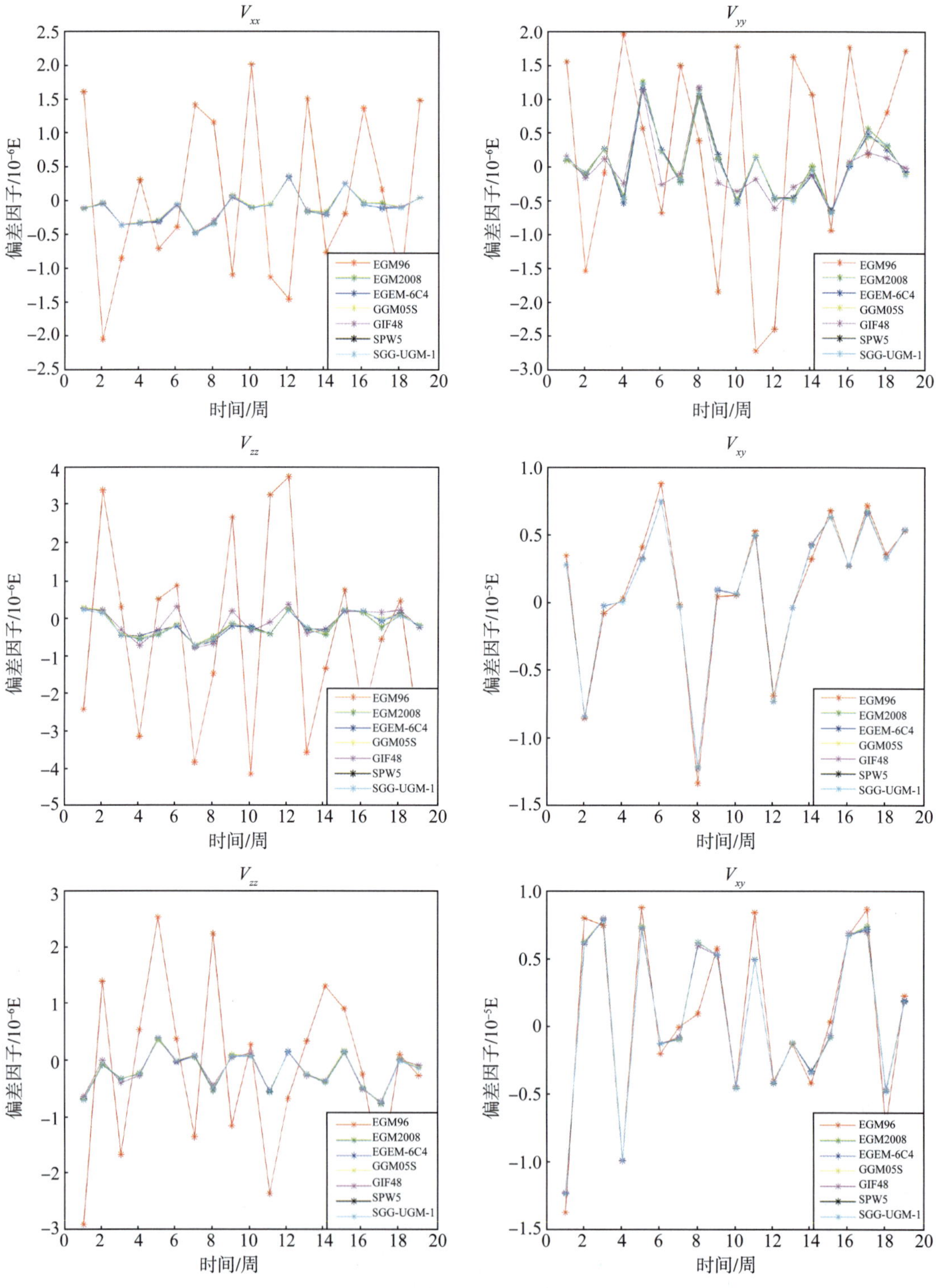

图 3.12　不同重力场模型计算的偏差

此外，除 EGM96 外的其余六种模型校准的主对角线分量 V_{xx}、V_{yy}、V_{zz} 尺度因子在第 9 周和第 14 周发生了异常变化。在此期间，GOCE 卫星并未开展飞行控制等轨道调整工作，初步判断可能是外部飞行环境变化或重力场异常带来的影响。电离层电子含量变化能够反映出太阳活动和地磁场的变化，利用 IGS（International GNSS Services, IGS）提供的全球电离层格网数据，计算了相邻两个校准周期内的电子含量变化情况，如图 3.13 所示。可以看出，在第 9 周和第 14 周电子含量衰减最大，这可能是导致重力梯度观测值主对角线分量尺度因子异常变化的原因之一。

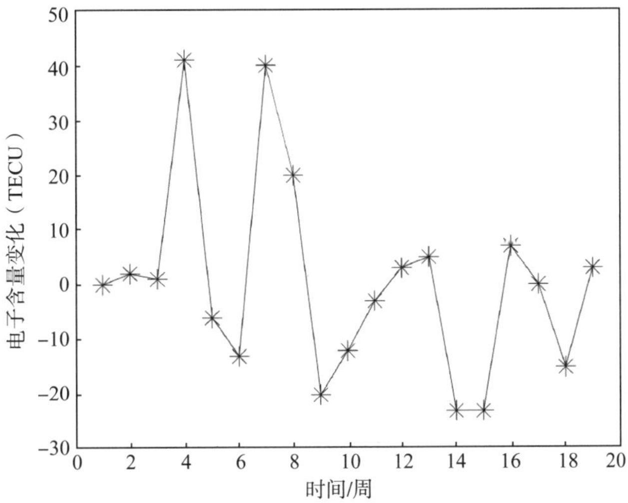

图 3.13　校准周期内电离层电子含量变化

3.2.3.3　校准精度验证与分析

GOCE 重力梯度张量观测值具有无迹特性，即：$V_{xx}(t_i)+V_{yy}(t_i)+V_{zz}(t_i)=0$，以此对校准参数的有效性进行评价。对改正后重力梯度张量的迹进行了统计分析，如表 3.3 所示。

表 3.3　校准后重力梯度张量观测值迹的均方根（mE）

时间 / 周	EGM96	EGM2008	GIF48	EIGEN-6C4	GGM05S	SPW5	SGG-UGM-1
1	19.4721	19.2243	19.2233	19.2228	19.2304	19.2230	19.2231
2	19.3881	19.1173	19.1151	19.1148	19.1231	19.1154	19.1155
3	19.4705	19.1470	19.1500	19.1492	19.1578	19.1502	19.1500
4	19.2798	19.0056	19.0037	19.0038	19.0126	19.0039	19.0039
5	19.4828	19.1985	19.1969	19.1962	19.2045	19.1968	19.1969
6	19.0158	18.7123	18.7143	18.7133	18.7208	18.7141	18.7140
7	19.2823	19.0143	19.0117	19.0120	19.0204	19.0124	19.0121
8	21.5612	21.2240	21.2253	21.2254	21.2372	21.2260	21.2257
9	23.5320	23.1676	23.1685	23.1673	23.1816	23.1683	23.1679
10	19.1991	18.9280	18.9247	18.9247	18.9321	18.9251	18.9247
11	19.1664	18.9110	18.9117	18.9115	18.9206	18.9120	18.9123
12	19.9371	19.6491	19.6505	19.6495	19.6600	19.6502	19.6500
13	18.7550	18.4682	18.4653	18.4652	18.4730	18.4657	18.4653
14	20.9583	20.6653	20.6650	20.6646	20.6734	20.6652	20.6655

续表

时间 / 周	EGM96	EGM2008	GIF48	EIGEN-6C4	GGM05S	SPW5	SGG-UGM-1
15	18.7510	18.4883	18.4910	18.4903	18.4986	18.4910	18.4909
16	19.3974	19.0749	19.0722	19.0721	19.0810	19.0725	19.0722
17	20.1165	19.8145	19.8105	19.8095	19.8165	19.8104	19.8109
18	18.8666	18.6148	18.6176	18.6172	18.6256	18.6178	18.6176
19	18.7088	18.4038	18.4017	18.4015	18.4096	18.4019	18.4018
平均值	19.7022	19.4120	19.4115	19.4111	19.4199	19.4117	19.4116

从表 3.3 可以看出，采用 7 种重力场模型校准后，重力梯度张量迹的均方根平均值均优于 20mE，其中第 8 周、9 周、14 周迹的均方根值略大，这与前面得到的尺度因子异常变化的发生时间一致；EGM96 模型校准后重力梯度张量迹的均方根较大，其余 6 种重力场模型的校准结果比较接近。

除了精度较低的 EGM96 模型外，EIGEN-6C4 模型校准后重力梯度张量迹的均方根平均值最小，GGM05S 模型的均方根平均值最大。EIGEN-6C4 模型解算中采用了卫星测高、地面重力数据以及卫星重力（GOCE+GRACE+Lageos）等多源数据，而 GGM05S 仅仅采用了 GRACE 卫星重力数据。EGM2008 与 GIF48 重力场模型采用了卫星测高、地面重力和卫星重力数据，且卫星重力数据仅采用 GRACE 卫星。SPW5 模型则是仅由 GOCE 卫星实测数据反演的重力场模型。SGG_UGM_1 模型是联合了 EGM2008 重力异常数据和 GOCE 卫星数据的综合类模型。考虑到梯度观测值校准的独立性，以及 GRACE 卫星在地球重力场频谱贡献上的局限性，在利用先验重力场模型进行外部校准时，采用 EGM2008 或 GIF48 等非 GOCE 多源重力数据模型更合理。表 3.4 统计的是利用七种重力场模型计算得到的尺度因子的标准差。

表 3.4 不同重力场模型得到的尺度因子的标准差

先验重力场模型	重力梯度分量					
	V_{xx}	V_{yy}	V_{zz}	V_{xy}	V_{xz}	V_{yz}
EGM96	1.1107×10^{-3}	1.3167×10^{-3}	1.9970×10^{-3}	8.4266×10^{-2}	1.4123×10^{-4}	8.9367×10^{-4}
EGM2008	3.9667×10^{-5}	8.1487×10^{-4}	1.4673×10^{-4}	1.5042×10^{-2}	7.6374×10^{-6}	4.6323×10^{-4}
EIGEN-6C4	1.2701×10^{-4}	8.8093×10^{-4}	2.2009×10^{-4}	1.5169×10^{-2}	2.4061×10^{-5}	4.6335×10^{-4}
GGM05S	1.3360×10^{-4}	8.3223×10^{-4}	2.0746×10^{-4}	1.5230×10^{-2}	2.6495×10^{-5}	5.0854×10^{-4}
GIF48	1.2464×10^{-4}	9.1307×10^{-4}	2.3288×10^{-4}	1.5161×10^{-2}	2.4602×10^{-5}	4.6780×10^{-4}
SPW5	1.3083×10^{-4}	8.9930×10^{-4}	2.2929×10^{-4}	1.5134×10^{-2}	2.4606×10^{-5}	4.6925×10^{-4}
SGG-UGM-1	1.5633×10^{-4}	8.7215×10^{-4}	2.3634×10^{-4}	1.5168×10^{-2}	2.9129×10^{-5}	4.6205×10^{-4}

由表 3.4 可以看出，对不同重力场模型而言，利用 EGM96 模型校准后尺度因子的稳定性较差，其余模型校准后尺度因子的稳定性相对较高，且差异较小，这与表 3.3 中重力梯度张量迹的特征是一致的，也就是说除了精度较低的 EGM96 模型外，其他重力场模型的校准精度水平较为一致。考虑到梯度观测值校准的独立性，以及 GRACE 卫星在地球

重力场频谱贡献上的局限性，在利用先验重力场模型进行外部校准时，采用 EGM2008 或 GIF48 等非 GOCE 多源重力数据模型较为合理。此外，除 EGM96 模型外，其余模型对 GOCE 梯度仪进行校准后，V_{xx}、V_{yy}、V_{zz}、V_{yz} 分量上尺度因子的稳定性均在 10^{-4} 量级，V_{xz} 分量能达到 10^{-5} 量级，V_{xy} 分量为 10^{-2} 量级，即 V_{xx}、V_{yy}、V_{zz}、V_{xz} 分量的稳定性明显优于其他两个分量，这与 GOCE 静电重力梯度仪的 Aguirre 结构，即 GOCE 重力梯度仪的超敏感轴与非敏感轴特性密切相关。如果只关注主对角线分量，则 V_{yy} 分量校准精度最低，这可能与 GOCE 卫星飞行姿态有关，使得 GOCE 重力梯度仪对法线方向的观测值不敏感。

此外，尺度因子的稳定性还可能与各分量观测值的误差水平有关，结合滤波后观测值与模型值的功率谱密度（见图 3.8 和图 3.9）对该现象进行分析。在 GOCE 测量带宽内：当频率在 5×10^{-3} ~ 3×10^{-2} Hz 时，重力梯度观测值 V_{xx}、V_{yy}、V_{zz} 及 V_{xz} 分量的功率谱密度迅速减小，V_{xy}、V_{yz} 分量则保持平稳，大约为 1E，而模型值在 6 个分量的功率谱密度均迅速减小；当频率在 3×10^{-2} ~ 0.1Hz 时，重力梯度观测值 V_{xx}、V_{yy}、V_{zz} 及 V_{xz} 分量的功率谱密度趋于稳定，大约为 10 ~ 20mE，V_{xy}、V_{yz} 分量仍为 1E，而模型值在 V_{xy}、V_{yz} 这两个分量上的功率谱密度值不再变化，约为 1mE，其余分量仍继续减小。如果将模型值看作重力梯度真实值，可以认为在测量带宽内，V_{xy} 分量观测值与真实值差异最大，说明该分量误差信号最大，因而其校准结果稳定性最低。

3.3 基于地面重力观测的卫星重力梯度测量外部检校

利用外部独立的地面重力信息是实现卫星重力梯度测量外部检校的另一有效途径。地面重力数据测量精度高，具有全频谱特征，但获取大范围的地面重力数据难度较大。本书通过仿真分析综合考虑了地面重力数据观测精度、空间分辨率、覆盖范围以及梯度仪噪声对卫星重力梯度测量外部检校的影响，提出基于球谐分析与球谐综合的向上延拓方法，将地面重力数据高精度延拓至卫星轨道高度，建立地面重力数据与卫星重力梯度间的函数关系式，成功实现地面重力观测数据与卫星重力梯度观测数据的比对检校。最后利用 DTU13 全球重力异常对卫星重力梯度观测值进行了外部校准分析，并对校准结果进行了检验。

3.3.1 地面重力向上延拓方法

3.3.1.1 最小二乘配置法

最小二乘配置可以实现多种地球重力场观测量之间的相互转换，其关键在于获得一个能充分表达研究区域范围内重力场特性的协方差函数。重力异常转换至重力梯度的最小二乘配置模型为：

$$\hat{\boldsymbol{T}}_{ij}' = \boldsymbol{C}_{T_{ij}'\Delta g'} \cdot (\boldsymbol{C}_{\Delta g'\Delta g'} + \boldsymbol{E}_{\Delta g\Delta g})^{-1} \cdot \boldsymbol{\Delta g}' \qquad i,j = x,y,z \tag{3.5}$$

式中：$\hat{\boldsymbol{T}}_{ij}'$ 是扰动重力梯度的估值；$\boldsymbol{\Delta g}'$ 是重力异常残差值；$\boldsymbol{C}_{T_{ij}'\Delta g'}$ 是扰动重力梯度与重力异常值之间的协方差阵；$\boldsymbol{C}_{\Delta g'\Delta g'}$ 是重力异常残差之间的协方差阵；$\boldsymbol{E}_{\Delta g\Delta g}$ 是重力异常观测值噪声矩阵。

对于重力异常和重力梯度观测值而言，它们均与扰动位 T 存在泛函关系，如果获得了扰动位的协方差函数，就可以对扰动位施以相应算子获得它们之间的协方差和互协方差，从而实现不同观测量之间的转换。扰动位 T 的协方差函数 $K(P,Q)$，可根据协方差传播率推导得到：

$$C_{ij}=M\left\{L_i^P T(P), L_j^Q T(Q)\right\}=L_i^P L_j^Q M\left\{T(P), T(Q)\right\}=L_i^P L_j^Q K(P,Q) \tag{3.6}$$

式中：L_i^P，L_j^Q分别表示 P，Q 两点作用于扰动位协方差函数的算子。重力异常和局部指北坐标系下的重力梯度分量与扰动位之间的泛函关系表示如下：

$$\begin{cases}T_{xx}=\dfrac{1}{r}T_r+\dfrac{1}{r^2}T_{\theta\theta}\ \text{，算子}\ L_i^P=\dfrac{1}{r}\dfrac{\partial}{\partial r}+\dfrac{1}{r^2}\dfrac{\partial^2}{\partial\theta^2}\\ T_{yy}=\dfrac{1}{r}T_r+\dfrac{ctg\theta}{r^2}T_\theta+\dfrac{1}{r^2\sin^2\theta}T_{\lambda\lambda}\\ T_{zz}=T_{rr}\\ T_{xy}=\dfrac{1}{r^2\sin\theta}T_{\theta\lambda}-\dfrac{\cos\theta}{r^2\sin^2\theta}T_\lambda\\ T_{xz}=\dfrac{1}{r^2}T_\theta-\dfrac{1}{r}T_{r\theta}\\ T_{yz}=\dfrac{1}{r^2\sin\theta}T_\lambda-\dfrac{1}{r\sin\theta}T_{r\lambda}\\ \Delta g=-\dfrac{\partial T}{\partial r}-\dfrac{2}{r}T\ \text{，算子}\ L_j^Q=-\dfrac{\partial}{\partial r'}-\dfrac{2}{r'}\end{cases} \tag{3.7}$$

导出的重力梯度分量与重力异常之间的互协方差以及重力异常之间的自协方差表达式如下：

$$\begin{cases}Cov\left[T_{xx}(P),\Delta g(Q)\right]=-\dfrac{1}{r}\dfrac{\partial^2K}{\partial r\partial r'}-\dfrac{1}{r^2}\dfrac{\partial^3K}{\partial\theta^2\partial r'}-\dfrac{2}{rr'}\cdot\dfrac{\partial K}{\partial r}-\dfrac{2}{r^2r'}\cdot\dfrac{\partial^2K}{\partial\theta^2}\\ Cov[T_{yy}(P),\Delta g(Q)]=-\dfrac{1}{r}\dfrac{\partial^2K}{\partial r\partial r'}-\dfrac{ctg\theta}{r^2}\dfrac{\partial^2K}{\partial\theta\partial r'}-\dfrac{1}{r^2\sin^2\theta}\cdot\dfrac{\partial^3K}{\partial\lambda^2\partial r'}-\dfrac{2}{rr'}\dfrac{\partial K}{\partial r}\\ \qquad-\dfrac{2ctg\theta}{r^2r'}\dfrac{\partial K}{\partial\theta}-\dfrac{2}{r^2r'\sin^2\theta}\cdot\dfrac{\partial^2K}{\partial\lambda^2}\\ Cov\left[T_{zz}(P),\Delta g(Q)\right]=-\dfrac{\partial^3K}{\partial r^2\partial r'}-\dfrac{2}{r'}\cdot\dfrac{\partial^2K}{\partial r^2}\\ Cov\left[T_{xy}(P),\Delta g(Q)\right]=-\dfrac{1}{r^2\sin\theta}\cdot\dfrac{\partial^3K}{\partial\theta\partial\lambda\partial r'}+\dfrac{\cos\theta}{r^2\sin^2\theta}\cdot\dfrac{\partial^2K}{\partial\lambda\partial r'}-\dfrac{2}{r^2\sin\theta}\cdot\dfrac{\partial^2K}{\partial\theta\partial\lambda}\\ \qquad+\dfrac{2}{r^2\sin^2\theta}\dfrac{\partial K}{\partial\lambda}\\ Cov\left[T_{xz}(P),\Delta g(Q)\right]=-\dfrac{1}{r^2}\dfrac{\partial^2K}{\partial\theta\partial r'}+\dfrac{1}{r}\dfrac{\partial^3K}{\partial r\partial\theta\partial r'}-\dfrac{2}{r^2r'}\dfrac{\partial K}{\partial\theta}+\dfrac{2}{rr'}\dfrac{\partial^2K}{\partial\theta\partial r}\\ Cov\left[T_{yz}(P),\Delta g(Q)\right]=-\dfrac{1}{r^2\sin\theta}\cdot\dfrac{\partial^2K}{\partial\lambda\partial r'}+\dfrac{1}{r\sin\theta}\cdot\dfrac{\partial^3K}{\partial r\partial\lambda\partial r'}-\dfrac{2}{r^2\sin\theta}\cdot\dfrac{\partial K}{\partial\lambda}\\ \qquad+\dfrac{2}{r^2\sin\theta}\cdot\dfrac{\partial^2K}{\partial r\partial\lambda}\\ Cov\left[\Delta g(P),\Delta g(Q)\right]=\dfrac{\partial^2K}{\partial r\partial r'}+\dfrac{2}{r'}\dfrac{\partial K}{\partial r}+\dfrac{2}{r}\dfrac{\partial K}{\partial r'}+\dfrac{4}{rr'}K\end{cases} \tag{3.8}$$

由上述公式可以看出，求得扰动位的协方差函数 $K(P,Q)$ 是实现最小二乘配置向上延拓的关键。当把一个全球协方差函数模型运用于局部时，采用移去恢复法，如果同时顾及参考位模型位系数误差，则协方差函数模型为：

$$K(P,Q)=\sum_{l=2}^{n_{\max}}\varepsilon_l(T,T)(\frac{R_{\mathrm{E}}^2}{r_Pr_Q})^{l+1}P_l(\cos(\psi))+\sum_{l=n_{\max+1}}^{\infty}\sigma_l(T,T)(\frac{R_{\mathrm{B}}^2}{r_Pr_Q})^{l+1}P_l(\cos(\psi)) \qquad (3.9)$$

式中：$\varepsilon_1(T,T)$ 表示位模型误差阶方差相关量，通过平滑因子 β 与位模型误差阶方差建立联系，即 $\varepsilon_{l=n}(T,T)=\beta\sum_{m=0}^{n}(\delta\overline{C}_{nm}^2+\delta\overline{S}_{nm}^2)$；$\delta\overline{a}_{nm}$和$\delta\overline{b}_{nm}$对应位系数$\overline{C}_{nm}$和$\overline{S}_{nm}$的标准差；$\sigma_l(T, T)$ 表示扰动位 T 的阶方差；R_{E} 是地球平均半径，通常取值为 6371km；R_B 表示 Bjerhammer 球半径，是待拟合参数；r_P，r_Q 分别表示起始点至 P, Q 点的距离；$P_l(\cos(\psi))$ 表示关于球面距离 ψ 的 l 阶勒让德多项式，且有：$\cos\psi_{PQ}=\cos\theta\cos\theta'+\sin\theta\sin\theta'\cos(\lambda'-\lambda)$。

3.3.1.2 积分公式法

扰动位 T 的积分公式采用谱组合技术可表示为：

$$T(r_P,\theta_P,\lambda_P)=\frac{R}{4\pi}\iint_{\sigma}K(\psi_{PQ},r_P,R)\cdot\Delta g'(R,\theta_Q,\lambda_Q)\mathrm{d}\sigma \qquad (3.10)$$

式中：$K(\psi_{PQ}, r_P, R)$ 称为积分核函数，其表达式为：

$$K(\psi_{PQ},r_P,R)=\sum_{l=2}^{k_{\max}}(\frac{R}{r_P})^{l+1}\frac{2l+1}{l-1}\omega_lP_l(\cos(\psi)) \qquad (3.11)$$

式中：r_P, θ_P, λ_P 和 R, θ_Q, λ_Q 分别是 P, Q 点的球坐标；ω_l 表示谱权重；$k_{\max}$ 是地面重力数据的最大阶数，由数据分辨率决定。

谱权重 ω_l 可由下式计算：

$$\omega_l=\frac{\sigma_l(\in\Delta g_0)}{\sigma_l(\in\Delta g_0)+\sigma_l(\in\Delta g)} \qquad (3.12)$$

式中：$\sigma_l(\in\Delta g_0)$ 和 $\sigma_l(\in\Delta g)$ 分别是位模型误差阶方差和地面重力数据误差阶方差。

式（3.6）中扰动位的二阶导数即扰动梯度分量 T_{ij}，可以用下式表示：

$$\frac{\partial^2}{\partial i\partial j}=\begin{bmatrix}\frac{\partial^2}{\partial x^2} & \frac{\partial^2}{\partial x\partial y} & \frac{\partial^2}{\partial x\partial z}\\ \frac{\partial^2}{\partial y\partial x} & \frac{\partial^2}{\partial y^2} & \frac{\partial^2}{\partial y\partial z}\\ \frac{\partial^2}{\partial z\partial x} & \frac{\partial^2}{\partial z\partial y} & \frac{\partial^2}{\partial z^2}\end{bmatrix} \qquad (3.13)$$

在积分公式向上延拓中，T_{ij} 具体表达式如下：

$$
\begin{cases}
T_{xx}=\dfrac{R}{4\pi}\iint\limits_{\sigma}\dfrac{1}{r}K_r+\dfrac{1}{2r^2}((K_{\psi\psi}+K_{\psi}\cot(\psi))+(K_{\psi\psi}-K_{\psi}\cot(\psi))\cos(2\alpha))\ \Delta g^{'}(R,\theta_Q,\lambda_Q)\mathrm{d}\sigma \\
T_{yy}=\dfrac{R}{4\pi}\iint\limits_{\sigma}\dfrac{1}{r}K_r+\dfrac{1}{2r^2}((K_{\psi\psi}+K_{\psi}\cot(\psi))-(K_{\psi\psi}-K_{\psi}\cot(\psi))\cos(2\alpha))\ \Delta g^{'}(R,\theta_Q,\lambda_Q)\mathrm{d}\sigma \\
T_{zz}=\dfrac{R}{4\pi}\iint\limits_{\sigma}K_{rr}\Delta g^{'}(R,\theta_Q,\lambda_Q)\mathrm{d}\sigma \\
T_{xy}=\dfrac{R}{4\pi}\iint\limits_{\sigma}\dfrac{1}{2r^2}(K_{\psi\psi}-K_{\psi}\cot(\psi))\sin(2\alpha)\,\Delta g^{'}(R,\ \theta_Q,\lambda_Q)\,\mathrm{d}\sigma \\
T_{xz}=\dfrac{R}{4\pi}\iint\limits_{\sigma}\dfrac{1}{r}(\dfrac{1}{r}K_{\psi}-K_{\psi r})\cos(\alpha)\Delta g^{'}(R,\theta_Q,\lambda_Q)\mathrm{d}\sigma \\
T_{yz}=\dfrac{R}{4\pi}\iint\limits_{\sigma}\dfrac{1}{r}(\dfrac{1}{r}K_{\psi}-K_{\psi r})\sin(\alpha)\Delta g^{'}(R,\theta_Q,\lambda_Q)\mathrm{d}\sigma
\end{cases}
\tag{3.14}
$$

式中：$K_{\psi}, K_r, K_{\psi\psi}, K_{rr}, K_{\psi r}$ 的含义如下表示：

$$
\begin{cases}
K_{\psi}=\dfrac{\partial K(\psi,r,R)}{\partial\psi} \\
K_r=\dfrac{\partial K(\psi,r,R)}{\partial r} \\
K_{\psi\psi}=\dfrac{\partial^2 K(\psi,r,R)}{\partial\psi^2} \\
K_{rr}=\dfrac{\partial^2 K(\psi,r,R)}{\partial r^2} \\
K_{\psi r}=\dfrac{\partial^2 K(\psi,r,R)}{\partial\psi\partial r}=\dfrac{\partial K_{\psi}}{\partial r}=\dfrac{\partial K_r}{\partial\psi}
\end{cases}
\tag{3.15}
$$

3.3.1.3 球谐分析与球谐综合方法

应用最小二乘配置法的关键在于构造地面重力数据（重力异常）与重力梯度张量之间的协方差函数，但在大规模数据处理时，超大型协方差矩阵的逆矩阵的求解是非常困难的；积分公式法中转换核函数的计算相对复杂，且需要顾及边界效应的影响。为此，本书提出了基于球谐分析与球谐综合将地面重力数据向上延拓并转换至卫星高度处的重力梯度张量的方法，从而实现地面重力数据与卫星重力梯度观测数据的比对检校。其具体算法如下：

令地球的重力位为 W，正常重力位为 U，则扰动位 T 为：

$$
T=W-U=V-V^{'} \tag{3.16}
$$

球近似条件下引力位 V 的球谐级数展开式为：

$$
V(r,\theta,\lambda)=\frac{GM}{R}\sum_{n=0}^{\infty}\sum^{n}\left(\frac{R}{r}\right)^{n+1}\left(\overline{C}_{nm}\cos m\lambda+\overline{S}_{nm}\sin m\lambda\right)\overline{P}_{nm}(\cos\theta) \tag{3.17}
$$

式中：G 为万有引力常量；M 为地球质量；R 为地球平均半径；$\overline{P}_{nm}(\cos\theta)$为完全规格化的

缔合勒让德函数；$\bar{C}_{nm}$，$\bar{S}_{nm}$ 为完全规格化的引力位球谐系数；n,m 分别为球谐展开的阶和次。

而正常引力位 V' 的球谐级数展开式为：

$$V'(r,\theta,\lambda)=\frac{GM}{R}\sum_{l=0}^{\infty}\left(\frac{R}{r}\right)^{2l+1}\bar{C}'_{2l}\bar{P}_{2l}(\cos\theta) \tag{3.18}$$

将引力位 V 和正常引力位 V' 的球谐级数展开式代入式（5.12），得到扰动位的球谐级数展开形式如下：

$$T(r,\theta,\lambda)=\frac{GM}{R}\sum_{l=1}^{\infty}\sum_{m=0}^{n}\left(\frac{R}{r}\right)^{l+1}(\bar{C}^*_{lm}\cos m\lambda+\bar{S}_{lm}\sin m\lambda)\bar{P}_{lm}(\cos\theta) \tag{3.19}$$

式中：

$$\bar{C}^*_{lm}=\begin{cases}\bar{C}_{lm}-\bar{C}'_{lm} & m=0,l=2k\,(k\text{ 为}\geqslant 1\text{ 的正整数})\\ \bar{C}_{lm} & \text{其他情况}\end{cases}$$

由地面重力异常与扰动位的关系：

$$\Delta g=-\frac{\partial T}{\partial r}-\frac{2}{r}T \tag{3.20}$$

推导得到地面重力异常的球谐函数展开表达式为：

$$\Delta g=\frac{GM}{r^2}\sum_{l=2}^{N}\sum_{m=0}^{l}(\frac{R}{r})^l(l-1)(\bar{C}^*_{lm}\cos m\lambda+\bar{S}_{lm}\sin m\lambda)\bar{P}_{lm}(\cos\theta) \tag{3.21}$$

根据球谐函数的正交性，由地面重力异常计算扰动位系数公式如下：

$$\begin{Bmatrix}\bar{C}^*_{lm}\\ \bar{S}^*_{lm}\end{Bmatrix}=\frac{r^2}{4\pi GM(l-1)}\left(\frac{r}{R}\right)^l\iint_\sigma\Delta g\begin{Bmatrix}\cos m\lambda\\ \sin m\lambda\end{Bmatrix}\bar{P}_{lm}(\cos\theta)\,\mathrm{d}\sigma \tag{3.22}$$

由此，将地面重力异常转化为了扰动位系数，扰动位系数加上正常位系数得到引力位系数后，利用球谐综合即可将地面重力向上延拓得到卫星高度处的重力梯度张量。由此，可实现与卫星梯度张量观测值的比对，并基于此开展卫星梯度仪的外部检校。

3.3.2 利用 DTU13 重力数据对卫星重力梯度值进行外部检校

3.3.2.1 校准参数的确定

地面重力数据观测成本较高，且受到自然环境的制约，大范围的地面重力数据获取难度较大，本书采用 0.25° × 0.25° 的 DTU13 全球重力异常数据对卫星重力梯度观测值开展外部校准研究。DTU13 重力异常海洋区域采用卫星测高数据反演得到，数据精度较高，相比重力场模型包含更为丰富的地球重力场高频信息，其分布如图 3.14 所示。为了减少重力场长波信号的影响，以 EGM2008 重力场模型作为参考场，对 DTU13 重力异常格网进行了移去－恢复处理，即先从 DTU13 格网中移去 EGM2008 的模型重力异常，将重力异常残差值（图 3.15）通过球谐分析与球谐综合向上延拓后，再利用模型梯度值进行恢复处理。

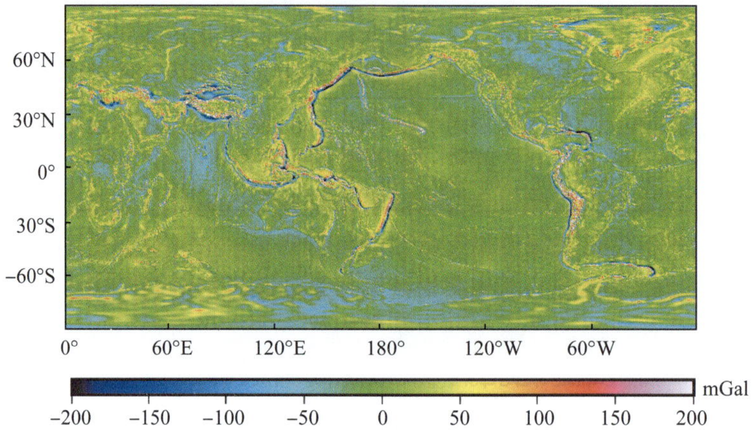

图 3.14　DTU13 全球重力异常分布

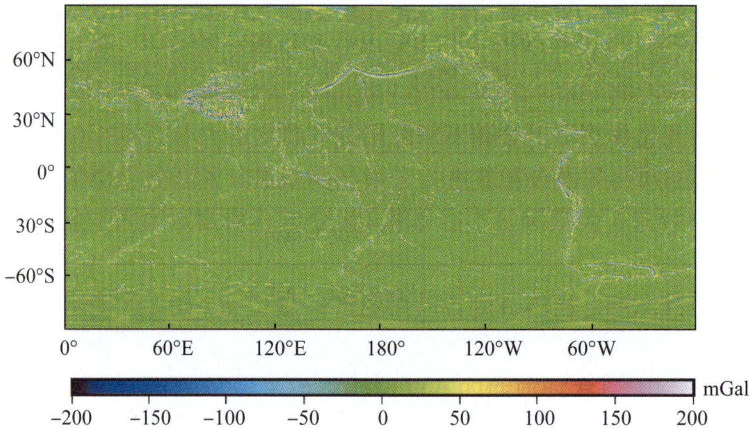

图 3.15　重力异常残差

图 3.16 和图 3.17 分别是利用 DTU13 重力异常数据校准得到的 GOCE 重力梯度张量各分量的尺度因子和偏差变化情况。从图中可以看出，卫星重力梯度观测值尺度因子表现出一定的周期性变化，变化周期约为 3 周，这与 GOCE 卫星轨道子周期相一致；卫星重力梯度观测值偏差因子很小，所有分量均在 10^{-5} 量级。

重力梯度观测值各分量尺度因子的统计特性如表 3.5 所示，从表中可以看出，重力梯度主对角线分量尺度因子的稳定性均在 10^{-3} 量级，V_{xz} 超敏感分量稳定性最好，达到 10^{-4} 量级。相较而言，V_{xy} 分量尺度因子稳定性较差，仅在 10^{-1} 左右。这一结果优于 Veicherts 等在挪威区域的校准精度，但略大于澳大利亚、加拿大和斯堪的纳维亚地区的校准结果。产生这种差异的原因可能是：一方面本研究中使用的 DTU13 重力异常和区域地面重力数据的精度水平不同；另一方面，本研究的校准参数是在全球范围内确定，而不是局部区域。此外，重力梯度各分量的偏差因子较小，其最大值为 10^{-5} 量级。

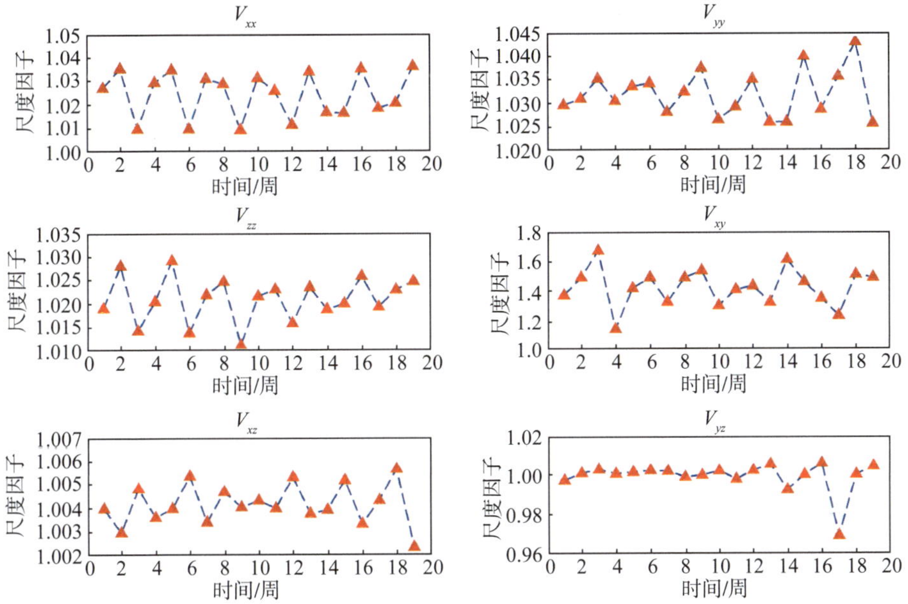

图 3.16　重力梯度各分量的尺度因子

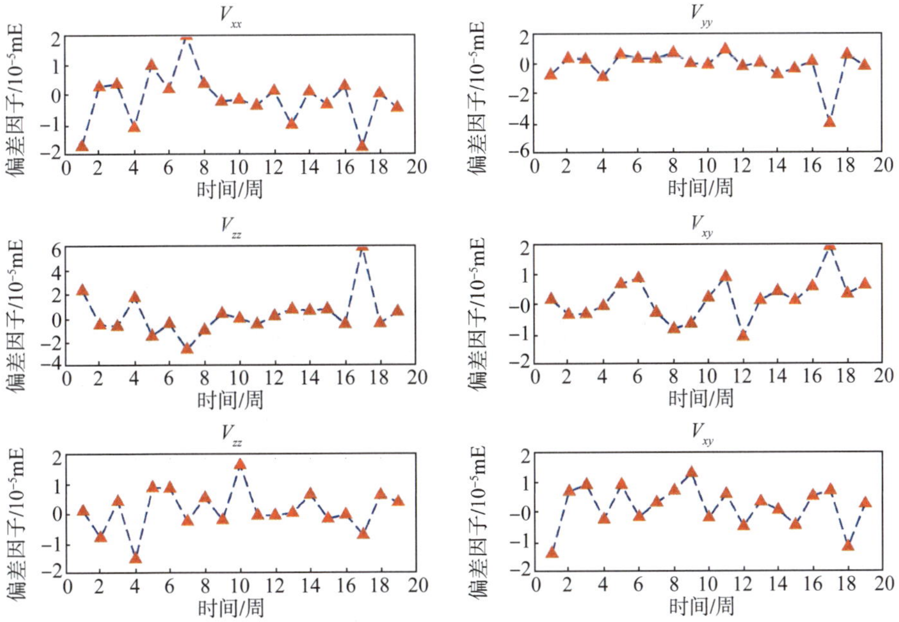

图 3.17　重力梯度各分量的偏差

表 3.5　重力梯度各分量尺度因子的统计特性

分量	最小值	最大值	平均值	标准差
V_{xx}	1.0090	1.0357	1.0239	9.1×10^{-3}
V_{yy}	1.0256	1.0430	1.0318	5.3×10^{-3}
V_{zz}	1.0110	1.0290	1.0208	5.8×10^{-3}
V_{xy}	1.1348	1.6660	1.4177	0.1252
V_{xz}	1.0023	1.0056	1.0041	8.2×10^{-4}
V_{yz}	0.9684	1.0055	0.9988	8.3×10^{-3}

3.3.2.2 校准结果检验与分析

在完成 GOCE 卫星重力梯度观测值的校准后，需要对校准参数的有效性进行检验与分析，以确保校准结果的精度，这是卫星重力梯度观测值质量检核的关键步骤。

（1）迹无关检验

重力梯度在地球外部空间满足拉普拉斯方程，即重力梯度张量的迹为零，基于这一准则，对校准参数的有效性进行检验以及质量评价。图 3.18 为校准后 19 个周的重力梯度张量的迹均方根误差统计情况。

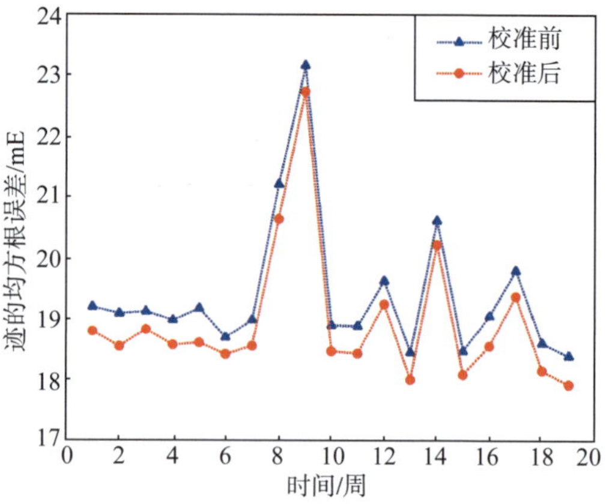

图 3.18　校准前后重力梯度张量的迹变化情况

从图 3.18 中可以看出，校准后 GOCE 重力梯度张量的迹均方根误差均得到了改善。其中，校准前后重力梯度张量迹的最大值出现在第 9 周，校准前约为 23.2mE，校准后约为 22.7mE，这可能与太阳活动或地磁场变化有关。

此外，利用欧洲航天局 GOCE 卫星高级数据处理部门 HPF（High-level Processing Facility）发布的经外部校准后的 EGG_TRF_2 观测数据进行了对比验证。图 3.19 为重力梯度仪坐标系下，校准的重力梯度观测值与 EGG_TRF_2 观测值重力梯度张量迹随时间的变化情况及其残差的频率直方图。

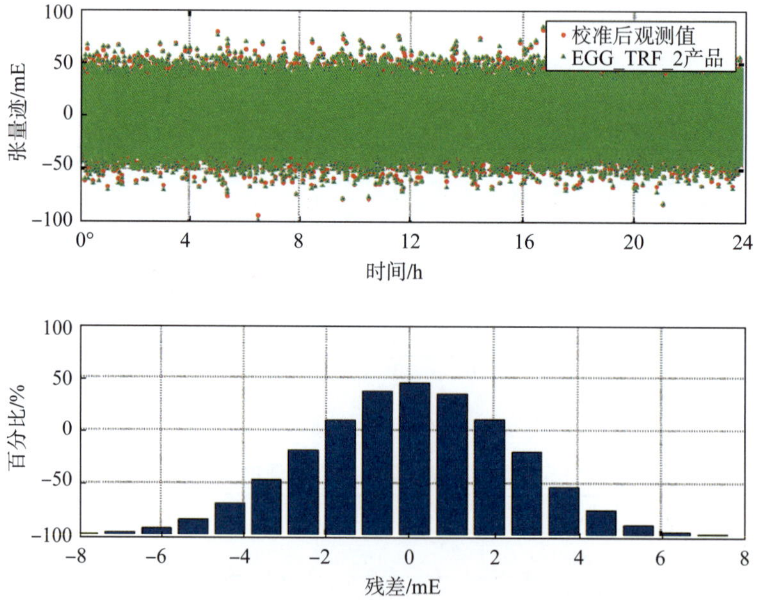

图 3.19　校准的重力梯度观测值与 EGG_TRF_2 的迹比较

从时间序列上可以看出，利用 DTU13 校准的卫星重力梯度张量迹与 EGG_TRF_2 数据重力梯度张量迹之间差异很小。频率直方图显示，本方法校准的 GOCE 重力梯度观测值与 EGG TRF_2 观测值之间的残差在 5mE 以内的占了 95% 以上，残差标准差约为 2.3mE（图 3.19）。本方法校准后的重力梯度张量的迹标准差约为 18.6 mE，EGG_TRF_2 数据重力梯度张量的迹标准差约为 18.9mE，说明校准结果是可靠的。

（2）张量不变量法检验

迹无关特性只能对校准后重力梯度观测值对角线分量的整体精度进行验证，将第二和第三张量不变量引入精度验证过程中，结合先验重力场模型信息，可以实现对重力梯度张量对角线分量和非对角线分量的独立精度验证。

3 种张量不变量可表示为：

$$\begin{cases} I_1 = V_{xx} + V_{yy} + V_{zz} \\ I_2 = -\dfrac{1}{2}\left(V_{xx}^2 + V_{yy}^2 + V_{zz}^2\right) - V_{xy}^2 - V_{xz}^2 - V_{yz}^2 \\ I_3 = V_{xx}V_{yy}V_{zz} + 2V_{xy}V_{xz}V_{yz} - V_{xx}V_{yz}^2 - V_{yy}V_{xz}^2 - V_{zz}V_{xy}^2 \end{cases} \tag{3.23}$$

式中：I_1, I_2, I_3 即为第一、第二和第三张量不变量。显然，张量不变量 I_1 即为重力梯度的张量迹，I_2, I_3 张量不变量的相对误差可作为评价卫星重力梯度张量各独立分量精度的指标，检验卫星重力梯度观测值在校准前和校准后的变化情况，对校准参数的有效性进行评价分析。

$$\begin{aligned} \delta_2^o &= \frac{\left|I_2^o - I_2^r\right|}{I_2^r} \times 100\% \\ \delta_2^c &= \frac{\left|I_2^c - I_2^r\right|}{I_2^r} \times 100\% \\ \delta_3^o &= \frac{\left|I_3^o - I_3^r\right|}{I_3^r} \times 100\% \\ \delta_3^c &= \frac{\left|I_3^c - I_3^r\right|}{I_3^r} \times 100\% \end{aligned} \tag{3.24}$$

式中：o, c, r 分别代表重力梯度观测值、校准后的重力梯度观测值以及 EGM20008 模型重力梯度值相对应的 I_2 和 I_3 张量不变量；δ_2^o、δ_3^o 和 δ_2^c、δ_3^c 分别表示重力梯度观测值校准前和校准后 I_2, I_3 张量不变量的相对误差。计算的相对误差如表 3.6 和表 3.7 所示。

表 3.6　张量不变量 I_2 相对误差

分量	V_{xx}	V_{yy}	V_{zz}	V_{xy}	V_{xz}	V_{yz}
校准前	3.1×10^{-2}	0.2	4.2×10^{-2}	1.7	1.6×10^{-2}	156.1
校准后	1.6×10^{-4}	1.5×10^{-4}	3.7×10^{-4}	3.8×10^{-6}	5.7×10^{-6}	3.3×10^{-4}

表 3.7　张量不变量 I_3 相对误差

分量	V_{xx}	V_{yy}	V_{zz}	V_{xy}	V_{xz}	V_{yz}
校准前	0.18	0.31	3.4×10^{-2}	4.95	2.4×10^{-2}	227.65
校准后	4.9×10^{-4}	4.5×10^{-4}	2.8×10^{-4}	9.8×10^{-6}	8.5×10^{-6}	5.0×10^{-4}

可以看出，对于 V_{xx}、V_{yy}、V_{zz}、V_{xz} 分量，张量不变量 I_2, I_3 的相对误差在校准后要比校准前小 2 ~ 4 个数量级；对于 V_{xy}、V_{yz} 分量，校准后的效果更为明显，提升了 6 个数量级。这说明，利用 I_2 或 I_3 张量不变量可有效实现卫星重力梯度测量外部校准精度验证。

3.4 基于加速度计观测值的卫星重力梯度测量外部检校

从加速度计观测数据层面上开展卫星重力梯度测量的外部检校实际上是对在轨内部校准的补充，在轨内部校准确定的重力梯度仪逆校准矩阵等参数会随着卫星的运行发生变化，开展基于加速度计观测值的卫星重力梯度测量外部检校旨在进一步确定校准参数，因此本书首先介绍在轨状态下的加速度计测量，然后推导和构建基于全球重力场模型与星敏感器数据的卫星重力梯度测量外部校准模型，在此基础上确定加速度计观测值尺度因子、梯度仪内部失准误差以及星敏感器与梯度仪之间的耦合误差等校准参数。

3.4.1 在轨状态下的加速度计测量

理想状态下的重力梯度仪加速度计测量是无法实现的，在轨状态下的加速度计测量会受到仪器缺陷和观测噪声的影响。重力梯度仪加速度计测量缺陷主要包括以下 5 个部分：①加速度计坐标系与梯度仪坐标系之间存在偏差；②加速度计的 3 个轴是非正交的（交叉耦合）；③加速度测量值中含有比例因子；④电极的不对称感测和控制检测质量位置会导致加速计的非线性响应，也称为二次因子，一般通过专用的飞行校准程序调整到零（低于给定的阈值），但实际上并未消除；⑤检测质量和加速度计电子元件的缺陷会导致加速度观测值出现偏差和噪声。这些误差会导致加速度计测得的非保守力失效，即测量的部分共模加速度会泄漏到差模加速度测量值中，进而导致分离出的重力梯度观测值也会引入一定的误差。

对于测得的加速度与真实加速度之间的关系，有以下方程：

$$\hat{\boldsymbol{a}}_i = \hat{\boldsymbol{b}}_i + \boldsymbol{M}_i \boldsymbol{a}_i + \boldsymbol{K}_i \boldsymbol{a}_i^2 + \hat{\boldsymbol{n}}_i \tag{3.25}$$

式中：$\hat{\boldsymbol{a}}_i$ 为加速度观测值；$\boldsymbol{a}_i$ 为真实加速度值；$\hat{\boldsymbol{b}}_i$ 表示加速度计观测值偏差；$\boldsymbol{M}_i$ 为单个加速度计的校准矩阵；$\boldsymbol{K}_i$ 为包含二次因子的对角阵；$\hat{\boldsymbol{n}}_i$ 为测量噪声。上述矩阵可具体表示为：

$$\hat{\boldsymbol{a}}_i = \begin{bmatrix} \hat{a}_{ix} \\ \hat{a}_{iy} \\ \hat{a}_{iz} \end{bmatrix};\ \hat{\boldsymbol{b}}_i = \begin{bmatrix} \hat{b}_{ix} \\ \hat{b}_{iy} \\ \hat{b}_{iz} \end{bmatrix};\ \hat{n}_i = \begin{bmatrix} \hat{n}_{ix} \\ \hat{n}_{iy} \\ \hat{n}_{iz} \end{bmatrix};\ \boldsymbol{K}_i = \begin{bmatrix} k_{ix} & 0 & 0 \\ 0 & k_{iy} & 0 \\ 0 & 0 & k_{iz} \end{bmatrix};\ \boldsymbol{M}_i = \begin{bmatrix} M_{ixx} & M_{ixy} & M_{ixz} \\ M_{iyx} & M_{iyy} & M_{iyz} \\ M_{izx} & M_{izy} & M_{izz} \end{bmatrix} \tag{3.26}$$

在 1b 级数据处理中，二次因子 $\boldsymbol{K}_i$ 经过专用的飞行校准程序调整到零，因此可将其忽略。同样，差模加速度观测值和共模加速度观测值可如下表示：

$$\begin{bmatrix} \hat{a}_{dij} \\ \hat{a}_{cij} \end{bmatrix} = \frac{1}{2} \begin{bmatrix} \hat{a}_i - \hat{a}_j \\ \hat{a}_i + \hat{a}_j \end{bmatrix} = \boldsymbol{M}_{ij} \begin{bmatrix} a_{dij} \\ a_{cij} \end{bmatrix} + \begin{bmatrix} \hat{b}_{dij} \\ \hat{b}_{cij} \end{bmatrix} + \begin{bmatrix} \hat{n}_{dij} \\ \hat{n}_{cij} \end{bmatrix} \tag{3.27}$$

对于单轴加速度计而言，上式可写为：

$$\begin{bmatrix}\hat{a}_d\\ \hat{a}_c\end{bmatrix}-\begin{bmatrix}\hat{b}_d\\ \hat{b}_c\end{bmatrix}-\begin{bmatrix}\hat{n}_d\\ \hat{n}_c\end{bmatrix}=\boldsymbol{M}\begin{bmatrix}a_d\\ a_c\end{bmatrix} \tag{3.28}$$

或者：

$$\begin{bmatrix}a_d\\ a_c\end{bmatrix}=\boldsymbol{M}^{-1}\left\{\begin{bmatrix}\hat{a}_d\\ \hat{a}_c\end{bmatrix}-\begin{bmatrix}\hat{b}_d\\ \hat{b}_c\end{bmatrix}-\begin{bmatrix}\hat{n}_d\\ \hat{n}_c\end{bmatrix}\right\} \tag{3.29}$$

校准矩阵 $\boldsymbol{M}$ 为块对称矩阵，所以其逆校准矩阵 $\boldsymbol{M}^{-1}$ 也是块对称结构，令：

$$\begin{bmatrix}C & D\\ D & C\end{bmatrix}=\boldsymbol{M}^{-1};\left\{\begin{bmatrix}\bar{b}_d\\ \bar{b}_c\end{bmatrix}=\begin{bmatrix}C & D\\ D & C\end{bmatrix}\begin{bmatrix}\hat{b}_d\\ \hat{b}_c\end{bmatrix};\begin{bmatrix}\bar{n}_d\\ \bar{n}_c\end{bmatrix}\begin{bmatrix}C & D\\ D & C\end{bmatrix}\begin{bmatrix}\hat{n}_d\\ \hat{n}_c\end{bmatrix}\right. \tag{3.30}$$

式（3.29）则可表示为：

$$\begin{bmatrix}a_d\\ a_c\end{bmatrix}=\begin{bmatrix}C & D\\ D & C\end{bmatrix}\begin{bmatrix}\hat{a}_d\\ \hat{a}_c\end{bmatrix}-\begin{bmatrix}\bar{b}_d\\ \bar{b}_c\end{bmatrix}-\begin{bmatrix}\bar{n}_d\\ \bar{n}_c\end{bmatrix} \tag{3.31}$$

逆校准矩阵中 $\boldsymbol{C}$ 和 $\boldsymbol{D}$ 的对角线元素表示加速度计的尺度因子，非对角线元素则表示重力梯度仪的内部失准误差以及星敏感器与重力梯度仪之间的耦合误差。

3.4.2 基于加速度计观测值的外部校准模型构建

卫星重力梯度仪加速度计观测值受测量噪声特性限制，频率低于 1×10^{-3}Hz 时，加速度计测量噪声与 $1/f^3$（f 为频率）成正比，即频率越低，噪声信号越强；另一方面，由于不同星敏感器姿态的影响，参考差模加速度在高频部分也存在有较大的噪声，这会影响加速度计校准参数的估计精度。因此，卫星重力梯度仪加速度计观测值在进行外部校准时，需要选择一个合适的校准频带，使得加速度计测量信号在该频带内具有较大的信噪比，有利于提高校准参数的确定精度。本书在研究中选取校准频带时，参考 Rispen 利用巴特沃斯带通滤波器，低频截止频率设置为 2×10^{-4}Hz，高频截止频率设置为 10^{-2}Hz。

3.4.2.1 逆校准矩阵的估计

基于卫星重力梯度仪加速度计观测值的外部校准模型是通过参考差模加速度与梯度仪加速度计观测值之间的比对而构建的。假设在校准频带内，重力梯度仪加速度计测量噪声相比真实的测量信号要小很多，即此时认为式（3.31）中 $\bar{\boldsymbol{n}}=0$，同时考虑到逆校准矩阵的块对称结构，式（3.31）可简化为：

$$E\left\{\bar{a}_d\right\}=\begin{bmatrix}C & D\end{bmatrix}\begin{bmatrix}\hat{a}_d\\ \hat{a}_c\end{bmatrix}-\bar{b}_d \tag{3.32}$$

当参考差模加速度值和测量加速度值进行带通滤波后，式（3.32）中的偏差项也将被抵消，因此有：

$$E\left\{\bar{a}_{d,F}\right\}=\begin{bmatrix}C & D\end{bmatrix}\begin{bmatrix}\hat{a}_{d,F}\\ \hat{a}_{c,F}\end{bmatrix} \tag{3.33}$$

即：

$$E\left\{\overline{a}_{d,F}\right\}=\begin{bmatrix} c_{11} & c_{12} & c_{13} & d_{11} & d_{12} & d_{13} \\ c_{21} & c_{22} & c_{23} & d_{21} & d_{22} & d_{23} \\ c_{31} & c_{32} & c_{33} & d_{31} & d_{32} & d_{33} \end{bmatrix}\begin{bmatrix} \hat{a}_{d,F} \\ \hat{a}_{c,F} \end{bmatrix} \tag{3.34}$$

式中：F 代表滤波后加速度值。

由式（3.33）和式（3.34）可以看出，对于单轴重力梯度仪的加速度计而言，矩阵 $\boldsymbol{C}$ 和 $\boldsymbol{D}$ 各有 9 个元素，共 18 个校准参数。在观测方程中，滤波后的参考加速度为观测值，滤波后的共模加速度和差模加速度构成设计矩阵，而校准参数为待求的未知数。对每个观测历元，重力梯度仪在 X 轴、Y 轴和 Z 轴方向的校准模型分别为：

$$E\left\{\begin{bmatrix} \overline{a}_{d,y,F}(t_1) \\ \vdots \\ \overline{a}_{d,y,F}(t_m) \end{bmatrix}\right\}=\begin{pmatrix} [\hat{a}_{d,x,F} & \hat{a}_{d,y,F} & \hat{a}_{d,z,F} & \hat{a}_{c,x,F} & \hat{a}_{c,y,F} & \hat{a}_{c,z,F}]_{t_1} \\ \vdots \\ [\hat{a}_{d,x,F} & \hat{a}_{d,y,F} & \hat{a}_{d,z,F} & \hat{a}_{c,x,F} & \hat{a}_{c,y,F} & \hat{a}_{c,z,F}]_{t_m} \end{pmatrix}\times\begin{bmatrix} c_{11} \\ c_{12} \\ c_{13} \\ d_{11} \\ d_{12} \\ d_{13} \end{bmatrix} \tag{3.35}$$

$$E\left\{\begin{bmatrix} \overline{a}_{d,x,F}(t_1) \\ \vdots \\ \overline{a}_{d,x,F}(t_m) \end{bmatrix}\right\}=\begin{pmatrix} [\hat{a}_{d,x,F} & \hat{a}_{d,y,F} & \hat{a}_{d,z,F} & \hat{a}_{c,x,F} & \hat{a}_{c,y,F} & \hat{a}_{c,z,F}]_{t_1} \\ \vdots \\ [\hat{a}_{d,x,F} & \hat{a}_{d,y,F} & \hat{a}_{d,z,F} & \hat{a}_{c,x,F} & \hat{a}_{c,y,F} & \hat{a}_{c,z,F}]_{t_m} \end{pmatrix}\times\begin{bmatrix} c_{21} \\ c_{22} \\ c_{23} \\ d_{21} \\ d_{22} \\ d_{23} \end{bmatrix} \tag{3.36}$$

$$E\left\{\begin{bmatrix} \overline{a}_{d,z,F}(t_1) \\ \vdots \\ \overline{a}_{d,z,F}(t_m) \end{bmatrix}\right\}=\begin{pmatrix} [\hat{a}_{d,x,F} & \hat{a}_{d,y,F} & \hat{a}_{d,z,F} & \hat{a}_{c,x,F} & \hat{a}_{c,y,F} & \hat{a}_{c,z,F}]_{t_1} \\ \vdots \\ [\hat{a}_{d,x,F} & \hat{a}_{d,y,F} & \hat{a}_{d,z,F} & \hat{a}_{c,x,F} & \hat{a}_{c,y,F} & \hat{a}_{c,z,F}]_{t_m} \end{pmatrix}\times\begin{bmatrix} c_{31} \\ c_{32} \\ c_{33} \\ d_{31} \\ d_{32} \\ d_{33} \end{bmatrix} \tag{3.37}$$

式中：$t_1,\cdots,t_m$ 为卫星重力梯度仪加速度计测量历元，校准参数可通过最小二乘进行求解。

3.4.2.2 尺度因子和旋转矩阵的估计

若差模加速度和参考差模加速度之间还存在着一定偏差，用旋转矩阵 $\boldsymbol{R}_{\Delta}$ 表示，对于单轴重力梯度仪而言，两者关系可如下所示：

$$\begin{bmatrix} \overline{a}_{d14,x} & \overline{a}_{d14,y} & \overline{a}_{d14,z} \\ \overline{a}_{d25,x} & \overline{a}_{d25,y} & \overline{a}_{d25,z} \\ \overline{a}_{d36,x} & \overline{a}_{d36,y} & \overline{a}_{d36,z} \end{bmatrix}=\boldsymbol{R}_{\Delta,ij}\begin{bmatrix} \hat{a}_{d14,x} & \hat{a}_{d14,y} & \hat{a}_{d14,z} \\ \hat{a}_{d25,x} & \hat{a}_{d25,y} & \hat{a}_{d25,z} \\ \hat{a}_{d36,x} & \hat{a}_{d36,y} & \hat{a}_{d36,z} \end{bmatrix}\boldsymbol{R}_{\Delta,ij}^{-1} \tag{3.38}$$

式中 $\boldsymbol{R}_{\Delta}$ 的具体表达式为：

$$\boldsymbol{R}_{\Delta,ij}=\begin{bmatrix}1 & -\gamma_{ij} & \beta_{ij}\\ \gamma_{ij} & 1 & -\alpha_{ij}\\ -\beta_{ij} & \alpha_{ij} & 1\end{bmatrix};\ \boldsymbol{R}_{\Delta,ij}^{-1}=\begin{bmatrix}1 & \gamma_{ij} & -\beta_{ij}\\ -\gamma_{ij} & 1 & \alpha_{ij}\\ \beta_{ij} & -\alpha_{ij} & 1\end{bmatrix}$$

式中：α_{ij}, β_{ij}, γ_{ij} 是以弧度表示的分别围绕 X、Y 和 Z 轴的旋转角。假如逆校准矩阵的非对角线分量参数可以忽略，即只考虑差模加速度观测值尺度因子的影响，并顾及加速度计观测值噪声特性，在校准频带内式（3.38）又可以变换为：

$$E\left\{\boldsymbol{A}_{dij,F}\right\}=\boldsymbol{R}_{\Delta,ij}\left[\boldsymbol{S}\times\hat{\boldsymbol{A}}_{dij,F}\right]\boldsymbol{R}_{\Delta,ij}^{-1} \tag{3.39}$$

因此，校准模型可表示为：

$$\begin{bmatrix}\bar{a}_{d14,x,F}\\ \bar{a}_{d14,y,F}\\ \bar{a}_{d14,z,F}\\ \bar{a}_{d25,x,F}\\ \bar{a}_{d25,y,F}\\ \bar{a}_{d25,z,F}\\ \bar{a}_{d36,x,F}\\ \bar{a}_{d36,y,F}\\ \bar{a}_{d36,z,F}\end{bmatrix}=\begin{bmatrix}S_{14,x} & -\gamma_{14} & \beta_{14} & -\gamma_{14} & 0 & 0 & \beta_{14} & 0 & 0\\ \gamma_{14} & S_{14,y} & -\alpha_{14} & 0 & -\gamma_{14} & 0 & 0 & \beta_{14} & 0\\ -\beta_{14} & \alpha_{14} & S_{14,z} & 0 & 0 & -\gamma_{14} & 0 & 0 & \beta_{14}\\ \gamma_{25} & 0 & 0 & S_{25,x} & -\gamma_{25} & \beta_{25} & -\alpha_{25} & 0 & 0\\ 0 & \gamma_{25} & 0 & \gamma_{25} & S_{25,y} & -\alpha_{25} & 0 & -\alpha_{25} & 0\\ 0 & 0 & \gamma_{25} & -\beta_{25} & \alpha_{25} & S_{25,z} & 0 & 0 & -\alpha_{25}\\ -\beta_{36} & 0 & 0 & \alpha_{36} & 0 & 0 & S_{36,x} & -\gamma_{36} & \beta_{36}\\ 0 & -\beta_{36} & 0 & 0 & \alpha_{36} & 0 & \gamma_{36} & S_{36,y} & -\alpha_{36}\\ 0 & 0 & -\beta_{36} & 0 & 0 & \alpha_{36} & -\beta_{36} & \alpha_{36} & S_{36,z}\end{bmatrix}\begin{bmatrix}\hat{a}_{d14,x,F}\\ \hat{a}_{d14,y,F}\\ \hat{a}_{d14,z,F}\\ \hat{a}_{d25,x,F}\\ \hat{a}_{d25,y,F}\\ \hat{a}_{d25,z,F}\\ \hat{a}_{d36,x,F}\\ \hat{a}_{d36,y,F}\\ \hat{a}_{d36,z,F}\end{bmatrix} \tag{3.40}$$

将校准模型改写为：

$$E\left\{\bar{\boldsymbol{A}}_{d,F}\right\}=\boldsymbol{P}_{ij}\boldsymbol{x}_{ij} \tag{3.41}$$

式中 $P_{ij}=[P_{ij,1}\ \ P_{ij,2}]$ 具体表达如下：

$$P_{ij,1}=\begin{pmatrix}a_{dij,x,F} & 0 & 0\\ 0 & a_{dij,x,F} & 0\\ 0 & 0 & a_{dij,x,F}\end{pmatrix}$$

$$P_{14,2}=\begin{bmatrix}0 & a_{d14,z,F}+a_{d36,x,F} & -a_{d14,y,F}-a_{d25,y,F}\\ -a_{d14,z,F} & a_{d36,y,F} & a_{d14,x,F}-a_{d25,y,F}\\ a_{d14,y,F} & -a_{d14,z,F}+a_{d36,z,F} & -a_{d25,z,F}\end{bmatrix}$$

$$P_{25,2}=\begin{bmatrix}-a_{d36,x,F} & a_{d25,z,F} & a_{d14,x,F}-a_{d25,y,F}\\ -a_{d25,z,F}-a_{d36,y,F} & 0 & a_{d14,y,F}+a_{d25,x,F}\\ a_{d25,y,F}-a_{d36,z,F} & -a_{d25,x,F} & a_{d14,z,F}\end{bmatrix}$$

$$P_{36,2}=\begin{bmatrix}a_{d25,x,F} & -a_{d14,x,F}+a_{d36,z,F} & -a_{d36,y,F}\\ a_{d25,y,F}-a_{d36,z,F} & -a_{d14,y,F} & a_{d36,x,F}\\ a_{d25,z,F}+a_{d36,y,F} & -a_{d14,z,F}-a_{d36,x,F} & \end{bmatrix}$$

$$\boldsymbol{x}_{ij} = (S_{ij,X} \ S_{ij,X} \ S_{ij,X} \ \alpha_{ij} \ \beta_{ij} \ \gamma_{ij})^T$$

同样，利用最小二乘估计得到重力梯度仪的尺度因子和旋转矩阵参数。

3.4.3 基于加速度计实测值的校准实验分析

3.4.3.1 数据分析

为实现加速度计测量值与参考差模加速度之间的比对检校，本书在研究中以 GOCE 重力卫星 2011 年 2 月 11 日的观测数据作为研究对象，实验所需数据主要包括：在轨内部校准后的共模加速度和差模加速度观测数据 EGG_CCD_li、星敏感器姿态数据 STR_VC_2 和 STR_VC_3 以及全球重力场模型 GIF48（360 阶次）。

（1）加速度计观测数据分析

图 3.20 为共模加速度观测值的功率谱密度。从图中可以看出，对于 14、25 和 36 三轴的共模加速度观测值而言，其 *X* 方向的功率谱密度与 *Y*、*Z* 方向具有明显差别，*X* 方向低频部分以及测量带宽内信号强度较小，高频部分信号强度较大，而 *Y* 和 *Z* 方向低频部分的功率谱密度要远大于测量带宽内的功率谱密度，这是由于重力梯度仪的无阻力控制系统主要消除的是 *X* 方向的非重力加速度，而对 *Y* 和 *Z* 方向的作用效果并不明显。

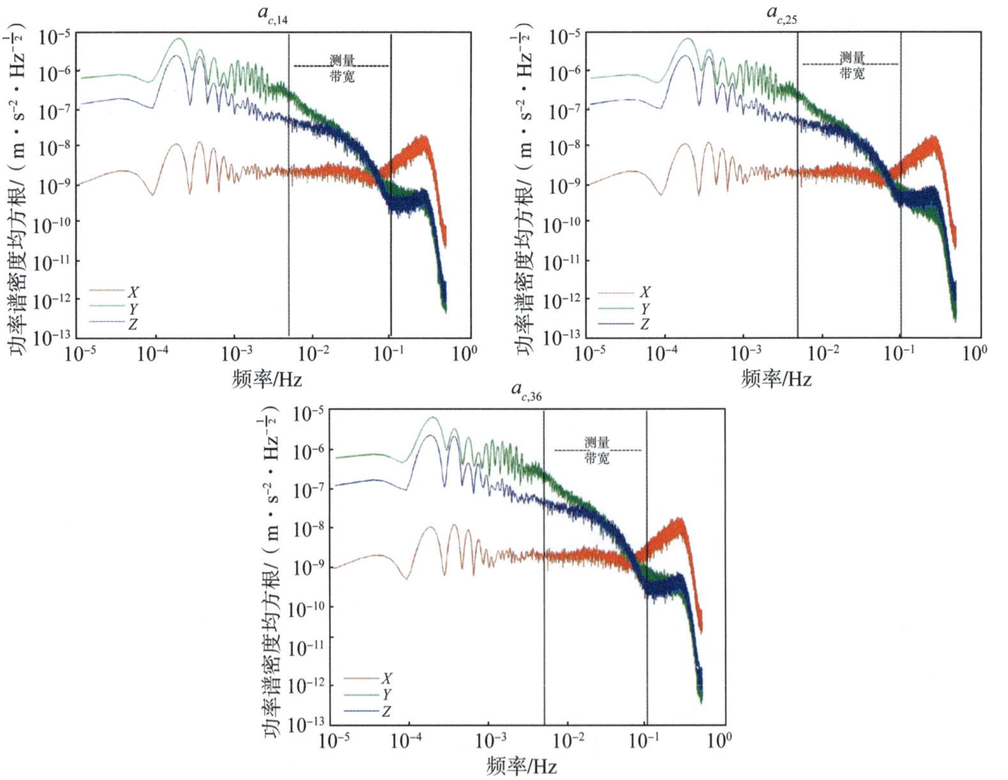

图 3.20 共模加速度观测值

图 3.21 为差模加速度观测值的功率谱密度。从图中可以看出，差模加速度测量信号在低频部分信号强度功率谱密度较大，而在测量带宽内其功率谱密度趋于平稳。此外，对

于重力梯度仪每个轴向而言，14 轴上 $a_{d14,x}$ 分量信号噪声最小，$a_{d14,y}$ 信号噪声最大；25 轴上 $a_{d25,y}$ 分量信号噪声最小，$a_{d25,z}$ 信号噪声最大；36 轴上 $a_{d36,z}$ 分量信号噪声最小，$a_{d36,y}$ 信号噪声最大，呈现这一现象的原因与重力梯度仪的超灵敏轴和非敏感轴特性有关，即 $a_{d14,y}$，$a_{d25,y}$，$a_{d36,y}$ 对应重力梯度仪加速度计的非敏感轴，导致其测量信号中噪声较大。顾及重力梯度张量是由差模加速度分离得到，这也是重力梯度张量 V_{xx}、V_{yy}、V_{zz}、V_{xz} 分量的精度相比 V_{xy}、V_{yz} 分量要高的原因。

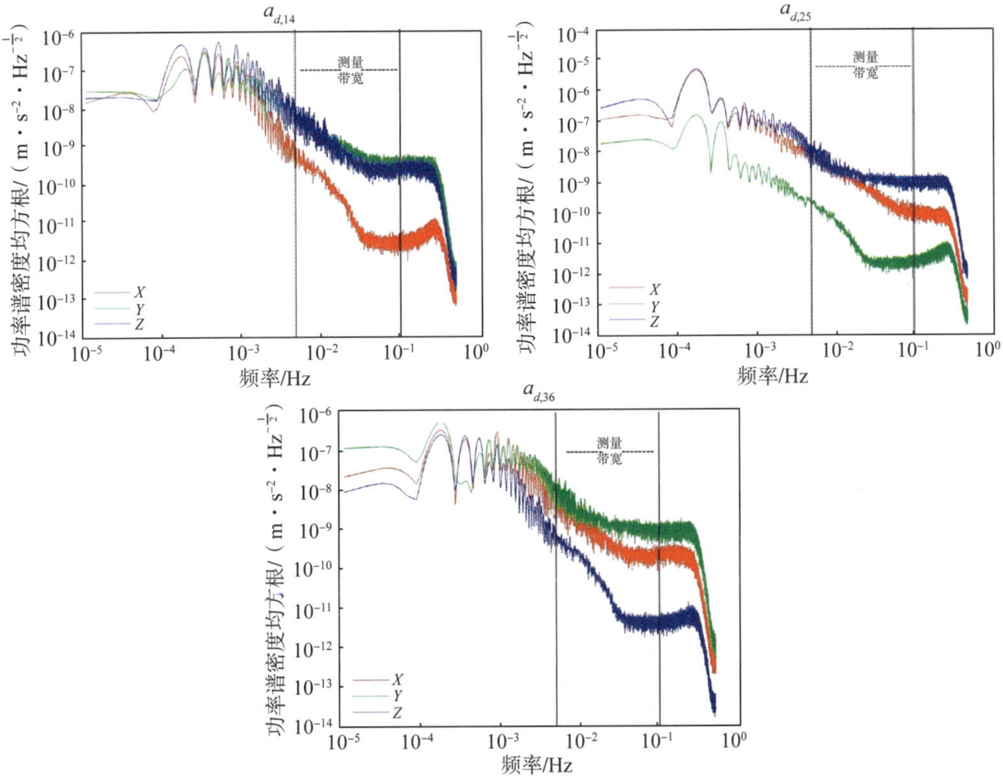

图 3.21　差模加速度观测值

（2）由星敏感器姿态数据计算的角速度分析

GOCE 重力卫星共搭载 3 个星敏感器，每个观测历元均有两个星敏感器提供并下传有效的姿态数据，可用来直接计算星敏感器坐标系下的角速度，图 3.22 和图 3.23 分别是利用单星敏感器姿态数据计算的星敏感器坐标系下角速度的时间序列和功率谱密度图。从时间序列图可以看出，绕 X 轴和 Y 轴方向的角速度（即 ω_s^x,ω_s^y）变化曲线较为平滑，而绕 Z 轴方向的角速度（即 ω_s^z）波动较大，这说明绕 Z 轴方向的角速度中，其噪声明显偏高，引起这一现象的原因主要是星敏感器的三轴指向所决定的。星敏感器坐标系 X 轴和 Y 轴位于星敏感器的焦平面上，属于低敏感轴，Z 轴则是垂直于星敏感器焦平面，与星敏感器视轴方向相同，属于超敏感轴，而绕 Z 轴方向旋转的角速度的精度是由其他两个低敏感轴决定的。结合功率谱密度图，在低频部分，3 个轴向的角速度相差较小，当频率大于 5×10^{-3}Hz 时，绕 Z 轴方向的角速度功率谱密度开始高于其他两轴，最大达到一个量级左右，这说明绕 Z 轴方向上的角速度中测量噪声逐渐占主导地位。

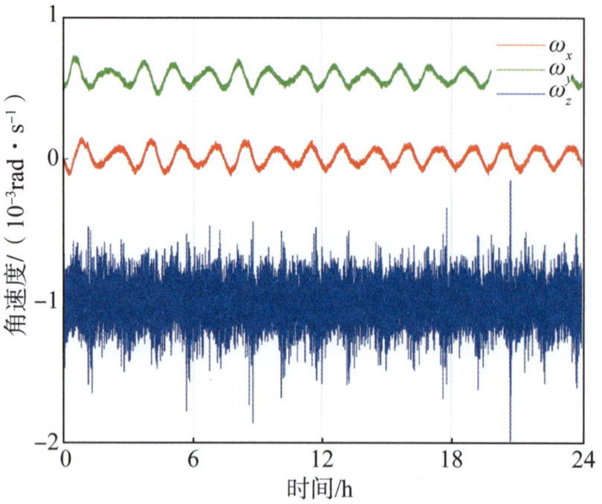

图 3.22　单星敏感器姿态数据计算的星敏感器坐标系下的角速度时间序列

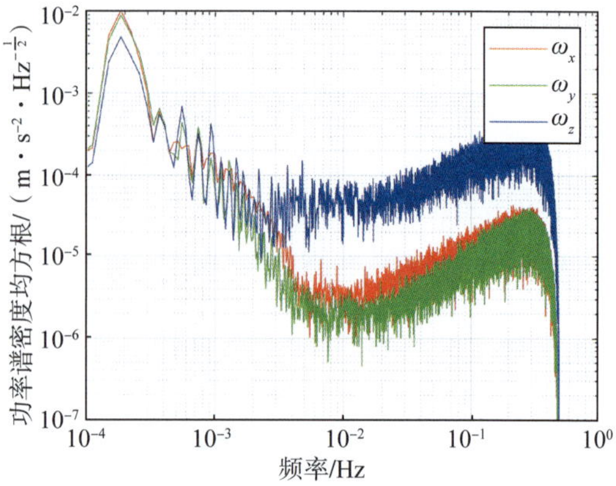

图 3.23　单星敏感器姿态数据计算的星敏感器坐标系下的角速度功率谱密度

由于卫星加速度计观测数据是在梯度仪坐标系下给出，因此需要将角速度值从星敏感器坐标系统一至梯度仪坐标系，其时间序列和功率谱密度图分别见图 3.24 和图 3.25。从图中可以看出，梯度仪坐标系下的角速度与星敏感器坐标系下明显不同，其中绕 Y 轴方向的角速度变化最为显著，角速度噪声信号明显增大，甚至超过了绕 Z 轴方向的角速度噪声，绕 X 轴方向角速度的噪声仍比较小。这说明，在角速度坐标转换过程中，绕 Z 轴方向的角速度噪声信号会传播到绕 Y 轴方向的角速度中。

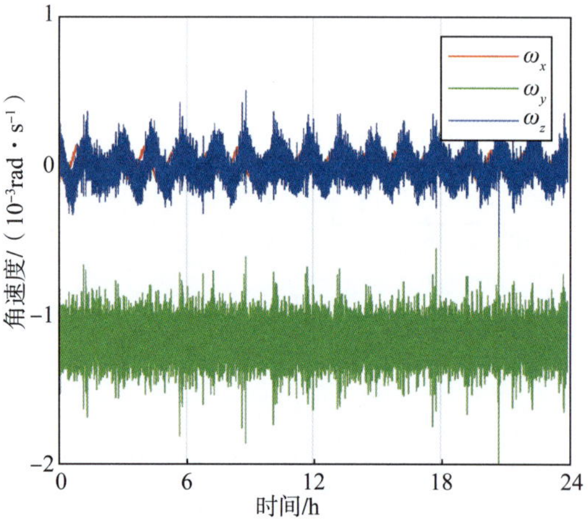

图 3.24　单星敏计算的重力梯度仪坐标系下的角速度时间序列

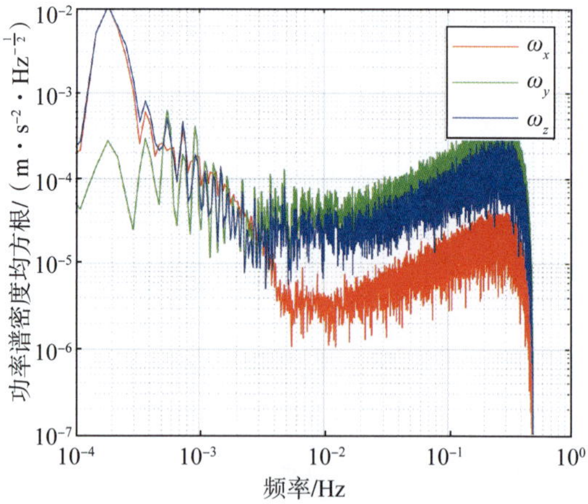

图 3.25　单星敏计算的重力梯度仪坐标系下的角速度功率谱密度

由于单星敏姿态数据计算得到的角速度噪声相对较大，且在坐标转换时低敏感轴的角速度噪声容易传递给其他轴向，进而影响参考差模加速度的计算精度。为了解决这一问题，联合多个星敏感器姿态数据进行实验，图 3.26 和图 3.27 即为多星敏感器联合解算的重力梯度仪坐标系下角速度的时间序列和功率谱密度图。可以看出，多个星敏感器姿态数据联合解算的绕 Y 轴和绕 Z 轴的角速度噪声水平明显降低，绕 Z 轴方向的角速度与绕 X 轴的角速度较为接近。这说明，联合多个星敏感器姿态数据构建最佳四元数，是解算最优角速度的有效途径。

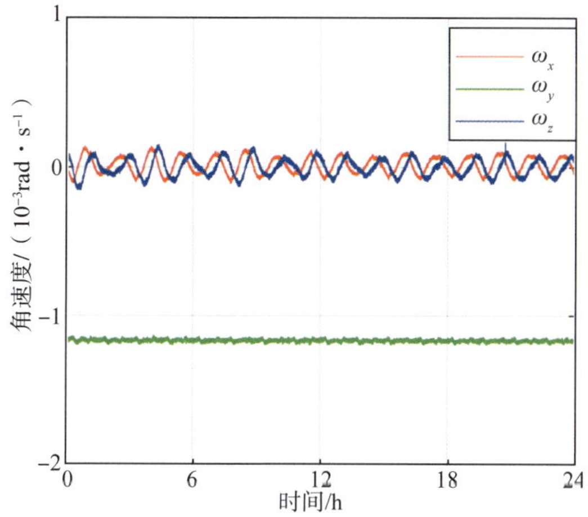

图 3.26　多星敏联合解算的重力梯度仪坐标系下的角速度时间序列

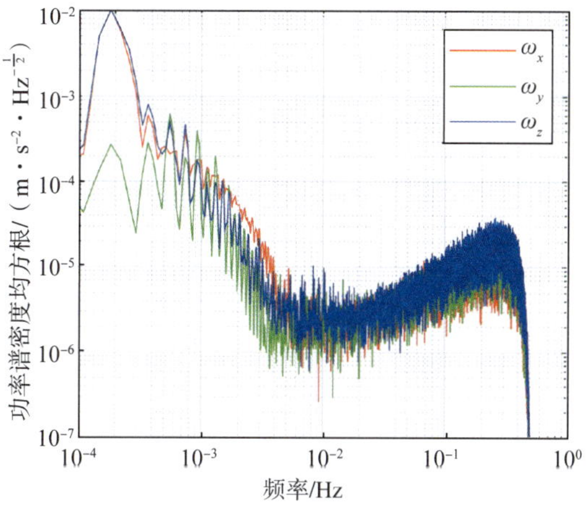

图 3.27　多星敏联合解算的重力梯度仪坐标系下的角速度功率谱密度

3.4.3.2　结果及分析

GOCE 重力梯度卫星实际测量阶段，卫星重力梯度仪需经历在轨内部校准和外部检校过程，在轨内部校准除了确定控制电压与加速度之间的传递函数的二次因子外，还确定重力梯度仪每个轴向上逆校准矩阵参数，开展基于加速度计观测值的卫星重力梯度测量外部检校就是为了进一步估计重力梯度仪逆校准矩阵等校准参数的变化。逆校准矩阵参数精度要求如表 3.8 所示。

表 3.8　GOCE 卫星测量阶段对逆校准矩阵中 *C* 和 *D* 的精度要求

	C			***D***		
14 轴	2.0×10^{-3}	5.1×10^{-5}	5.1×10^{-5}	1.4×10^{-5}	5.0×10^{-6}	5.0×10^{-6}
	1.5×10^{-4}	1.0×10^{-2}	1.5×10^{-4}	1.5×10^{-4}	5.5×10^{-4}	1.5×10^{-4}
	1.5×10^{-4}	1.5×10^{-4}	2.0×10^{-3}	5.0×10^{-5}	5.0×10^{-5}	5.8×10^{-5}
25 轴	2.1×10^{-3}	1.5×10^{-4}	1.5×10^{-4}	1.5×10^{-4}	1.5×10^{-4}	1.5×10^{-4}
	5.1×10^{-5}	2.0×10^{-3}	5.0×10^{-5}	5.0×10^{-6}	1.4×10^{-5}	5.0×10^{-6}
	1.5×10^{-4}	1.5×10^{-4}	1.0×10^{-2}	1.5×10^{-4}	1.5×10^{-4}	5.5×10^{-4}
36 轴	2.0×10^{-3}	1.5×10^{-4}	1.5×10^{-4}	5.8×10^{-5}	5.0×10^{-5}	5.0×10^{-5}
	1.5×10^{-4}	1.0×10^{-2}	1.5×10^{-4}	1.5×10^{-4}	5.5×10^{-4}	1.5×10^{-4}
	5.1×10^{-5}	5.0×10^{-5}	2.0×10^{-3}	5.0×10^{-6}	5.0×10^{-6}	1.4×10^{-5}

由表 3.8 可以看出，逆校准矩阵中除了矩阵 ***C*** 主对角线上的校准参数，即差模加速度的尺度因子，其他校准参数均优于 5.5×10^{-4}。基于加速度计观测值的卫星重力梯度测量外部检校就是为进一步确定卫星运行阶段重力梯度仪逆校准矩阵等校准参数而开展的。由于在轨内部校准后逆校准矩阵的先验信息是未知的，我们通常默认其为单位阵 ***I***。也就是说，利用全球重力场模型和星敏感器数据估计的逆校准矩阵参数是相对于在轨内部校准参数的差值。本书在研究中预先估计的逆校准矩阵参数如表 3.9 所示。

表 3.9　估计的逆校准矩阵参数

	C–I			D		
14 轴	2.3×10^{-4}	-6.0×10^{-5}	-7.0×10^{-5}	-3.5×10^{-3}	1.0×10^{-5}	3.0×10^{-5}
	-8.6×10^{-5}	-5.0×10^{-4}	-1.3×10^{-4}	-3.5×10^{-3}	-3.6×10^{-5}	-2.0×10^{-5}
	1.8×10^{-4}	8.6×10^{-5}	-4.9×10^{-5}	-1.3×10^{-3}	3.6×10^{-7}	9.3×10^{-6}
25 轴	-5.2×10^{-5}	8.6×10^{-4}	1.1×10^{-5}	-3.2×10^{-3}	-2.0×10^{-5}	-2.2×10^{-5}
	7.7×10^{-5}	4.3×10^{-4}	-3.8×10^{-5}	-4.2×10^{-3}	-3.3×10^{-6}	-1.2×10^{-5}
	-2.9×10^{-5}	7.6×10^{-4}	7.2×10^{-5}	6.8×10^{-3}	3.2×10^{-5}	7.4×10^{-5}
36 轴	2.8×10^{-5}	2.5×10^{-5}	-2.5×10^{-5}	-1.2×10^{-3}	-4.5×10^{-6}	-1.5×10^{-5}
	-1.6×10^{-4}	3.0×10^{-4}	-2.1×10^{-4}	8.1×10^{-3}	2.6×10^{-5}	9.8×10^{-5}
	-2.2×10^{-5}	7.8×10^{-5}	7.2×10^{-4}	-3.4×10^{-3}	-3.5×10^{-6}	7.6×10^{-6}

表 3.9 中逆校准矩阵参数计算结果与表 3.8 对比可以看出，矩阵 ***C*** 主对角线分量上的校准参数，即差模加速度的尺度因子估计精度在 10^{-5} ~ 10^{-4} 水平，远小于表 3.8 中的精度要求，即确定的差模加速度尺度因子满足 GOCE 卫星测量阶段梯度仪的精度要求；矩阵 ***D*** 的第一列校准参数精度较低，均在 10^{-3} 量级，这是由于校准频带内共模加速度在 X 方向上的信号强度最小，从而降低了参数估计的精度。此外，矩阵 ***C*** 和 ***D*** 中仍有部分校准参数的估计精度大于梯度仪精度要求，这主要是由于外部数据不能对该方向的加速度计失准误差和耦合误差进行准确估计引起的。

利用式（3.28）估计的差模加速度尺度因子如表 3.10 所示。可以看出，该模型估计得到的差模加速度尺度因子与构建的逆校准矩阵模型得到的结果较为接近，每对加速度计尺度因子的精度水平均在 10^{-5} ~ 10^{-4}，满足 GOCE 卫星测量阶段梯度仪的精度要求。

表 3.10　估计的差模加速度尺度因子

	C–I			D		
14 轴	1.3×10^{-4}	—	—	—	—	—
	—	-5.9×10^{-5}	—	—	—	—
	—	—	-4.5×10^{-5}	—	—	—
25 轴	-4.9×10^{-5}	—	—	—	—	—
	—	2.5×10^{-4}	—	—	—	—
	—	—	4.6×10^{-5}	—	—	—
36 轴	-2.2×10^{-5}	—	—	—	—	—
	—	-2.7×10^{-4}	—	—	—	—
	—	—	6.7×10^{-4}	—	—	—

利用逆校准矩阵计算改正后的差模加速度时，将表 3.9 中满足梯度仪校准精度的参数代入观测方程，大于梯度仪精度要求的参数则以先验值代替。同样，利用差模加速度尺度因子和旋转矩阵也可计算改正后的差模加速度。最后将改正的加速度计观测值计算至重力

梯度张量，通过重力梯度张量迹对校准参数进行检验，图 3.28 为校准前后重力梯度张量迹的功率谱密度。从图中可以看出，对于测量带宽内以及高于测量带宽的信号来说，校准前后误差特性基本一致，即校准效果并不明显。对于测量带宽以下，两个模型校准后重力梯度张量观测误差的功率谱密度整体上相比校准前有所改善，特别是利用差模加速度尺度因子和旋转矩阵模型改正的效果更为明显。因此可以认为，基于加速度观测值的重力梯度卫星外部检校方法有助于提高重力梯度张量低频部分的观测精度。

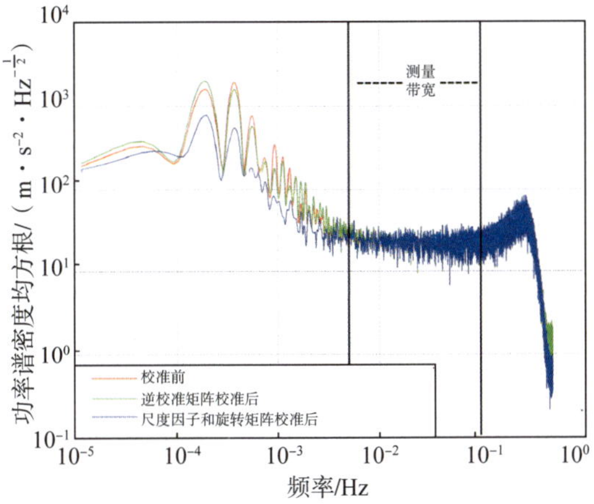

图 3.28　校准前后的重力梯度张量观测值的迹

第 4 章　卫星时变重力场冰川与地下水监测应用

地球是人类赖以生存的物质空间，是一个随时间空间变化的动力学系统，人们对地球系统的认识是通过对地球各圈层物质运动、分布及变化的详细了解，最终达到对地球系统的整体认识。由于地球系统的物质质量重新分布导致不同时间尺度的地球重力场变化，利用足够精度和时空分辨率的重力观测量就可以了解其物质迁移和交换。随着空间技术的发展，特别是卫星重力计划的实施，为我们探测地球质量迁移及变化提供了机遇和可能。

在物质迁移研究中，冰川与陆地水储量及其变化的信息对全球气候变化的研究有着非常重要的意义。GRACE 重力卫星计划能够提供阶次数达到 60、时间分辨率为约 1 个月的地球重力场模型时变序列，其获取的高精度地球重力场时变信息为监测地球系统的物质循环（主要是水循环）和能量循环提供了重要的现势条件。

本书主要阐述 GRACE 时变重力场反演地球质量变化的方法，并就高斯滤波方法在推求地球质量变化中的应用、高斯滤波器宽度的选取、泄漏信号改正、低阶项系数处理、冰川均衡改正等关键性问题进行探讨。然后在此基础上，反演中国地区的地下水储量变化。

4.1　地球时变重力场与地球表面质量的变化

地球重力场的变化反映了地球质量的迁移和变化，重力场随时间的变化是由冰后回弹、大气质量变化以及陆地和海洋的水、雪、冰的重新分布等所引起的。利用卫星技术获取的重力场数据的空间分辨率尚不足以将这些过程的影响逐一分离。GRACE 重力卫星极大地改进了对时变重力场的测量，可以在数百千米的空间分辨率上提供描述地球重力场的椭球谐系数的平均值，从而使得研究地球圈层间的质量迁移和变化成为可能。

4.1.1　利用时变地球重力位模型推求地球表面质量的变化

地球重力场通常用大地水准面表示，大地水准面高的球谐系数展开形式为：

$$N(\theta,\lambda)=a\sum_{l=0}^{\infty}\sum_{m=0}^{l}(\overline{C}_{lm}\cos m\lambda+\overline{S}_{lm}\sin m\lambda)\overline{P}_{lm}(\cos\theta) \tag{4.1}$$

式中：a 为地球半径；θ,λ 为地心余纬（θ=90− 地心纬度 φ）和地心经度；l，m 为球谐展开的阶和次；$\overline{C}_{lm}$，$\overline{S}_{lm}$ 为完全规格化球谐系数，即位系数；$\overline{P}_{lm}(\cos\theta)$ 为完全规格化 Legendre 缔合函数。

通常，地球重力场模型都包含有大量的 $\overline{C}_{lm}$ 和 $\overline{S}_{lm}$ 球谐系数值，GRACE 地球重力场模型就可以提供以月为周期的大约 120 阶的球谐展开系数。

地球表面物质运动会引起大地水准面高的变化 ΔN，这种变化可以是一个时间相对于另一个时间的大地水准面高变化，也可以为某一时间的大地水准面高相对于平均大地水准面高的变化。ΔN 可以表示为：

$$\Delta N(\theta,\lambda)=a\sum_{l=0}^{\infty}\sum_{m=0}^{l}(\Delta\overline{C}_{lm}\cos m\lambda+\Delta\overline{S}_{lm}\sin m\lambda)\overline{P}_{lm}(\cos\theta) \tag{4.2}$$

式中：$\Delta\overline{C}_{lm}$，$\Delta\overline{S}_{lm}$ 为相应的大地水准面球谐系数变化，其表达式可以表示为：

$$\begin{Bmatrix}\Delta\overline{C}_{lm}\\ \Delta\overline{S}_{lm}\end{Bmatrix}=\frac{3}{4\pi a\rho_a(2l+1)}\int\Delta\rho(r,\theta,\lambda)\overline{P}_{lm}(\cos\theta)\left[\frac{r}{a}\right]^{l+2}\begin{Bmatrix}\cos(m\lambda)\\ \sin(m\lambda)\end{Bmatrix}\sin\theta\mathrm{d}\theta\mathrm{d}\lambda\mathrm{d}r \tag{4.3}$$

式中：ρ_a=5517kg/m^3 为地球平均密度；$\Delta\rho(r,\theta,\lambda)$ 为物质的体密度变化，并假定其表现为地球表面厚度为 H 的一薄层，其体现了地球圈层大气、海洋、冰盖以及地下水所引起的质量变化。其可以用大气的厚度来表达，在 10^{-15}km 量级。

由于在地球重力场模型的高阶项上，GRACE 误差占主要成分，从而可以忽略模型在高阶项对地球质量变化的贡献，因此可以对重力场模型进行截断至 $l < l_{\max}$。假定地球表面变化的物质厚度 H 足够小，使得 $(l_{\max}+2)H/a << 1$，从而可以认为式（4.3）中的 $r\approx a$，这样可以用面密度 $\Delta\sigma(\theta,\lambda)$ 代替 $\Delta\rho(r,\theta,\lambda)$，两者关系为：

$$\Delta\sigma(\theta,\lambda)=\int\Delta\rho(r,\theta,\lambda)\mathrm{d}r \tag{4.4}$$

表面物质直接引力引起的大地水准面球谐系数变化为：

$$\begin{Bmatrix}\Delta\overline{C}_{lm}\\ \Delta\overline{S}_{lm}\end{Bmatrix}_{\text{mass}}=\frac{3}{4\pi a\rho_a(2l+1)}\int\Delta\sigma(\theta,\lambda)\overline{P}_{lm}(\cos\theta)\begin{Bmatrix}\cos(m\lambda)\\ \sin(m\lambda)\end{Bmatrix}\sin\theta\mathrm{d}\theta\mathrm{d}\lambda \tag{4.5}$$

由于固体地球受到物质作用产生形变，形变引起大地水准面的球谐系数变化为：

$$\begin{Bmatrix}\Delta\overline{C}_{lm}\\ \Delta\overline{S}_{lm}\end{Bmatrix}_{\text{deform}}=\frac{3k_l}{4\pi a\rho_a(2l+1)}\int\Delta\sigma(\theta,\lambda)\overline{P}_{lm}(\cos\theta)\begin{Bmatrix}\cos(m\lambda)\\ \sin(m\lambda)\end{Bmatrix}\sin\theta\mathrm{d}\theta\mathrm{d}\lambda \tag{4.6}$$

式中：k_l 为 l 阶负荷勒夫数。因此，物质质量分布变化对大地水准面的贡献为式（3.5）与式（3.6）之和，则有：

$$\begin{Bmatrix}\Delta\overline{C}_{lm}\\ \Delta\overline{S}_{lm}\end{Bmatrix}=\begin{Bmatrix}\Delta\overline{C}_{lm}\\ \Delta\overline{S}_{lm}\end{Bmatrix}_{\text{mass}}+\begin{Bmatrix}\Delta\overline{C}_{lm}\\ \Delta\overline{S}_{lm}\end{Bmatrix}_{\text{deform}} \tag{4.7}$$

如果对表面物质面密度做球谐函数展开，则有：

$$\Delta\sigma(\theta,\lambda)=a\rho_w\sum_{l=0}^{\infty}\sum_{m=0}^{l}(\Delta C_{lm}\cos m\lambda+\Delta S_{lm}\sin m\lambda)\overline{P}_{lm}(\cos\theta) \tag{4.8}$$

式中：ρ_w=1000kg/m^3 为水密度；$\Delta\sigma/\rho_w$ 为用等效水高表示的物质质量变化。

由式（4.8）得：

$$\begin{Bmatrix}\Delta C_{lm}\\ \Delta S_{lm}\end{Bmatrix}=\frac{1}{4\pi a\rho_w}\int_0^{2\pi}d\lambda\int_0^{\pi}\Delta\sigma(\theta,\lambda)\overline{P}_{lm}(\cos\theta)\begin{Bmatrix}\cos(m\lambda)\\ \sin(m\lambda)\end{Bmatrix}\sin\theta\mathrm{d}\theta \tag{4.9}$$

由式（4.5）、式（4.6）、式（4.7）和式（4.9）得 C_{lm}，S_{lm} 和 $\overline{C}_{lm}$ 、$\overline{S}_{lm}$ 间的表达式为：

$$\begin{Bmatrix}\Delta\overline{C}_{lm}\\ \Delta\overline{S}_{lm}\end{Bmatrix}=\frac{3\rho_w}{\rho_a}\frac{1+k_l}{2l+1}\begin{Bmatrix}\Delta C_{lm}\\ \Delta S_{lm}\end{Bmatrix} \tag{4.10}$$

或者

$$\begin{Bmatrix}\Delta C_{lm}\\ \Delta S_{lm}\end{Bmatrix}=\frac{\rho_a}{3\rho_w}\frac{2l+1}{1+k_l}\begin{Bmatrix}\Delta\overline{C}_{lm}\\ \Delta\overline{S}_{lm}\end{Bmatrix} \tag{4.11}$$

将式（4.11）代入式（4.8）得：

$$\Delta\sigma(\theta,\lambda)=\frac{a\rho_a}{3}\sum_{l=0}^{\infty}\sum_{m=0}^{l}\overline{P}_{lm}(\cos\theta)\frac{2l+1}{1+k_l}(\Delta\overline{C}_{lm}\cos m\lambda+\Delta\overline{S}_{lm}\sin m\lambda) \tag{4.12}$$

由此可以得到利用重力场模型位系数变化推求地球表面质量变化的表达式。

4.1.2 负荷勒夫数的选择

负荷勒夫数 k_l 采用 Han 和 Wahr 1995 年利用地球参考模型 PREM 计算的数值。

表 4.1 给出了 200 阶以下的负荷勒夫数数值，对于表中未给出的数值可以用线性内插的方法得到。其中 l 为阶数。l=1 的数值是在假定地球坐标系中心位于地球中心得到的。

表 4.1 负荷勒夫数

l	k_l
0	+0.000
1	+0.027
2	−0.303
3	−0.194
4	−0.132
5	−0.104
6	−0.089
7	−0.081
8	−0.076
9	−0.072
10	−0.069
12	−0.064
15	−0.058

续表

l	k_l
20	-0.051
30	-0.040
40	-0.033
50	-0.027
70	-0.020
100	-0.014
150	-0.010
200	-0.007

地球重力场模型零阶项与地球各圈层的总质量是相对应的，这不仅包括固体地球也包含了其他迁移运动较为剧烈的圈层（例如大气和海洋等）。地球各圈层的总质量是不随时间变化的，因此可以认为 GRACE 月重力场模型的零阶项变化 ΔC_{00} 为零。虽然式（4.12）的目的是推求地球各圈层内某一质量源的迁移变化。例如海洋，由于海洋不断地与大气和陆地等其他圈层存在着水的循环，因而海洋的总质量是不断变化的，因此海洋对零阶项的变化 ΔC_{00} 的贡献不为零。但是这种非零性不会引起固体地球的零阶项效应。也就是说，这种变化不会引起整个固体地球质量的变化，故而 $k_0=0$。

地球重力场模型一阶项是与所选用地球坐标系中心相对于地球质心的位置相关联的，所以其取决于所选用的坐标系。如果所选用的地球坐标系的中心总是位于地球质心，则重力场模型的一阶项就等于零。因而，GRACE 重力场模型的一阶项等于零。同样，对于某一具体的质量源而言，其一阶项是不为零的。例如海洋质量的迁移运动会引起海洋质量中心的变化，但是这也导致了固体地球质量中心的变化，而海洋和固体地球总质量的中心则是不变的。选择这种坐标系，则 $k_{l=1}=-1$。

4.2 卫星时变重力的冰川变化监测技术应用

4.2.1 冰川变化监测的研究背景与意义

冰川是冰冻圈的主要组成部分，对气候变化极为敏感，被认为是气候变化的最佳天然指示器之一，同时冰川也是重要的淡水资源，有“固体水库”的美誉。据统计，地球上的淡水资源总量共有 $2.83\times10^7\text{km}^3$，其中冰川中储存的淡水量占全球淡水资源的 80%。自 20 世纪 80 年代以来，全球普遍升温，在全球气候变暖的大背景下，大多数冰川、冰盖、海冰均处在加速消融状态，致使海平面逐年上升，再加上近些年人类活动的影响，使二氧化碳等温室气体的排放量居高不下，海平面上升已有不可逆的趋势。根据 2019 年政府间气候变化专门委员会（IPCC）发表的《气候变化中的海洋和冰冻圈特别报告》可知，全球变暖已经导致冰冻圈大范围萎缩，包括冰盖冰川质量流失、雪盖及北极海冰减少以及冻土升温等。这使得海平面持续上升，在 2006—2015 年间海平面上升速率为每年 3.5mm，在过去百年间前所未见，是 1901—1990 年间速度的两倍。同时也预测，在未来持续高温室气体浓度的情景下，到 2100 年全球海平面会较 1986—2005 年平均高出 0.84m。

山地冰川是对中纬度地区高山冰川的统称，规模没有极地冰川大，仅占全球冰川总量的3%左右。但山地冰川和人类的生产生活联系密切，对人类来说是一把双刃剑，一方面它多存在于高山大川，是许多河流的主要补给源，通过密集的河网可以为人类源源不断地提供水源，满足人类生产生活用水需求；另一方面随着全球升温加剧，大量冰川消融，冰川融水会聚集在冰舌末端或低洼区域形成冰川湖，在夏季温度较高时容易引发泥石流、冰湖溃决等自然灾害，对附近区域的经济发展和人民的生命财产安全造成了严重的威胁，如2021年2月7日，印度北部喜马拉雅山地区发生了冰川崩塌，引发了严重的泥石流灾害，造成附近大量房屋倒塌，数百人失踪。青藏高原是中纬度地区最大的山地冰川聚集区之一，占全球山地冰川总面积的14%，通过冰川活动可以为包括长江、黄河、澜沧江、雅鲁藏布江等在内的数十条河流源源不断地提供水源，解决附近十几个国家数十亿人口的生活用水需求。同时，青藏高原作为全球气候变暖最强烈的区域和共建“一带一路”的核心区域，其环境变化受到了极大的关注。雅鲁藏布江流域在青藏高原的地理位置特殊，它位于青藏高原腹地，自西向东横贯藏东南地区，受印度季风和盛行西风的影响，拥有较多的气候类型，发育了大量的海洋型冰川和大陆型冰川，是研究青藏高原气候变化的典型区域。因此，开展雅鲁藏布江流域冰川、水资源变化监测，可以为区域水资源调查、自然生态环境保护、气候变化影响机制等研究提供重要参考，同时也为共建“一带一路”提供重要的科学支撑。

传统的冰川监测方法主要以点为研究对象，在冰川表面设置观测点，定期采集观测点处的冰雪消融数据，利用该方法获得的结果精度高、数据连续性好，但冰川大多数存在于气候条件恶劣、交通不便的偏远地区，要实现定期的大范围观测需耗费极大的人力物力，已无法满足冰川变化监测的实际需求。随着空间技术的不断发展，特别是对地观测卫星技术水平的不断进步，冰川变化监测技术更加多样化，时空分辨率不断提升，监测效率更加高效。目前，应用于冰川变化监测的技术主要有卫星重力、光学卫星遥感、卫星激光测高、卫星干涉测量等，这些技术的进步推动了冰川学的发展，扩大了冰川可监测参数，除常规的冰川边界以外，还可以监测冰川表面高程变化、冰川流速、冰川表面温度变化、冰川物质平衡、反照率、雪水当量等，从而更加全面地了解冰川的变化过程及其影响机制，使冰川的监测实现了由一维、二维到三维、多维的跨越式发展。其中，基于卫星重力的冰川质量变化和基于光学卫星遥感技术的冰川信息（面积、高程等）提取在近年来冰川研究中应用广泛。

卫星重力探测技术可直接获取区域质量变化，在研究冰川变化机制和大、中尺度质量变化方面具有显著优势。利用卫星重力数据开展冰川质量变化监测方面，主要基于低低卫星跟踪卫星技术进行，以2002年发射的GRACE（Gravity Recovery and Climate Experiment）卫星和2018年发射的GRACE Follow-On卫星为主要观测源。Ciracì等利用GRACE、GRACE-FO时变重力场模型解算的等效水高序列评估了2002年4月到2019年9月期间世界（不包括南极和格陵兰岛）冰川和冰盖的质量平衡。研究结果表明，世界冰川和冰盖的平均损失速率为281.5 ± 30Gt/a，研究时段内海平面上升了约13mm。Beveridge等基于GRACE卫星重力估计了青藏高原冰川质量变化，发现2003—2015年该区冰川质量一直减少，其中，喜马拉雅山脉、帕米尔山脉、祁连山和天山地区冰川分别以 −9 ± 2Gt/a、−1 ± 1Gt/a、8 ± 1Gt/a 和 −6 ± 1Gt/a 的速度变化。史红岭等利用GRACE数据在频域上计算了 2002—2014 年喜马拉雅山冰川质量变化，研究发现喜马拉雅地区的冰川质量变化整体上呈现加速消融趋势。

4.2.2　冰川变化监测研究进展

冰川变化监测水平的提升与技术的进步密不可分。早在 18—19 世纪，欧洲的一些学者已经开始对冰川进行关注，并逐渐认识到进行冰川变化监测的必要性。但这段时间技术还不够发达，虽然有一些冰川观测理论被提出，但实施困难，如 Aggasiz 等提出了关于对冰川结构、厚度、运动以及冰川气象的系统观测的方案。这个时期的冰川监测主要以野外实地考察为主，通过标志法与摄影法观测冰川长度变化和面积变化，通过花杆法获取冰川高程变化，这样获取的冰川信息精度较高，但对人力、物力、财力的消耗极大，也不适用于人迹罕至的高山地区，更不适合大范围监测。20 世纪 30 年代之后，航空摄影测量技术蓬勃发展，目视解译航空相片逐渐代替了传统的测量方式，使冰川变化监测实现了从“点”到“面”的跨越，让大范围、系统性冰川变化监测成为可能。20 世纪 60 年代以后，随着航空航天技术的发展，具有定量化遥感测量能力的卫星成功发射，并开始在冰川变化监测领域使用。这对于冰川监测来说是革命性的，它实现了冰川监测从局部到整体的跨越，为全球冰川监测工作提供了技术基础。其中，美国的陆地资源卫星 Landsat 就是在这一阶段设计完成的。20 世纪 70 年代后期，计算机技术发展加快了影像的解译速度，同时新增的技术可以从卫星影像上剖析出更多的冰川信息，使冰川监测摆脱了只适用于冰川空间范围界定的应用限制。1999 年，美国地质调查局和 NASA 共同发起了“全球陆地冰空间测量计划”（Global Land Ice Measurements from Space Project, GLIMS），该计划旨在对全球冰川的长度、面积、表面高程、运动速度、冰川物质平衡以及平衡线高度等进行监测，并在全球范围内设立了多个工作站，极大地促进了世界各国和各组织对不同区域的冰川进行监测。之后各个国家相继发展自己的卫星遥感技术，到目前为止已有 400 多颗地球遥感卫星在轨，丰富的数据资源、多元化的数据分析方法为冰川监测和研究提供了重要数据基础。

本书主要从冰川物质平衡方面研究雅鲁藏布江流域冰川变化。冰川物质平衡是评价冰川“质量”好坏的重要指标，近年来，在全球气候变暖的大背景下，全球大多数冰川处于负物质平衡状态，引发了国内外学者大量关注。在冰川物质平衡监测方面主要使用卫星重力和遥感估计方法。高永鹏等基于校正后的 SRTM 数据与 ASTER 立体像对数据，利用大地测量法，对 2000—2010 年祁连山冰川冰储量变化进行估计，发现祁连山地区 2000—2010 年冰川厚度平均减薄 5.68m，冰川储量减少了 1.59Gt。张震等基于资源三号卫星立体像对、SRTM 和地形图等数据，对珠峰地区南北坡 14 条冰川的物质平衡变化进行研究，结果表明 1974—2012 年研究区整体冰川呈负物质平衡变化。Pieczonka 等采用 Hexagon KH-9 数据，结合 SPOT5 立体像对和 SRTM DEM 数据，对天山托木尔峰南坡地区 3 个时段的冰川体积变化进行了估计，发现天山托木尔峰南坡地区大多数冰川自 1976 年以来一直处在消融状态。

4.2.3　雅鲁藏布江流域冰川变化研究现状

雅鲁藏布江流域东西跨度大，超过了 16°，冰川面积约 14493km^2，占整个青藏高原冰川总面积的 29%。雅鲁藏布江流域面积广袤，冰川分布在西部和中部较为稀疏，在东部有大量海洋型冰川聚集。近年来，关于对整个雅鲁藏布江流域冰川变化的研究资料较少，大都集中在一些典型的区域（杰玛马央宗地区、念青唐古拉山脉地区、年楚河流域等），其中位于雅鲁藏布江流域东段的念青唐古拉山脉地区研究资料较多。在对雅鲁藏布江流域的冰川变化研究方面，Bolch 等使用 Landsat ETM+ 和 SRTM 数据，采用遥感和 GIS 技术对念青唐古拉山脉西段冰川的变化情况进行研究，发现 1976—2009 年间念青西段冰川持续萎缩，并推测区域温度升高是该地区冰川退缩的主要驱动力。吴坤鹏等利用地形图和 Landsat TM/OLI 遥感影像数据，采用目视解译和波段比值法对南迦巴瓦峰 35 年冰川变化进行研究，发现南迦巴瓦峰冰川面积 1980—2015 年间持续减小并呈加速退缩的趋势，35 年间共减少了 75.23km^2。安国英等使用 Ladnsat ETM+ 和 GF-1 影像作为数据源，采用人机交互的方法完成了两期冰川的编目，对 1999—2015 年念青唐古拉山脉冰川变化情况进行分析，发现念青唐古拉山脉冰川呈退缩趋势，其中东段的海洋性冰川退缩最为明显，西段亚大陆型冰川变化相对稳定。拉巴卓玛等利用 Ladnsat 卫星遥感数据和高亚洲地区冰川厚度变化数据集，通过人工目视解译、水文分析等方法对雅鲁藏布江正源杰马央宗冰川开展了长时间序列综合分析，发现近 43 年来杰玛央宗冰川面积减少了 1.61km^2，冰川末端高程抬升，冰川表现为负物质平衡。李林等基于 Landsat 数据和冰川边界矢量数据，利用 GIS 空间分析法和气候统计方法，提取并分析了 1987—2014 年西藏年楚河流域冰川变化特征。研究发现，研究时段内年楚河流域冰川面积减少了 18.39km^2，而冰川区附近的冰川湖面积在不断增加，并利用气象数据证明温度升高是导致该地区冰川减少的主要原因，受降水的影响较小。虽然诸多研究资料的研究时段或研究区域不同，但得出的结论基本一致，说明近几年雅鲁藏布江流域冰川退缩严重。

4.2.4 基于卫星重力观测的雅江流域冰川质量变化监测

4.2.4.1 监测区域总体情况

雅鲁藏布江发源于喜马拉雅山脉北麓的杰马央宗冰川，源头海拔 5590m，自西向东流，沿途不断有支流汇入，使其水量持续增加，在流经喜马拉雅山脉最东端的南迦巴瓦峰时经过了 90° 以上的大拐弯，流入印度境内，最终注入恒河流入孟加拉湾的印度洋内。雅鲁藏布江是世界上海拔最高的河流，也是西藏自治区内最长的河流，平均海拔在 4000m 以上，全长 2057km。雅鲁藏布江流域（E81.92° ~ 97.11° ,N28.10° ~ 30.99° ）覆盖范围广，分布如图 4.1 所示，面积约 2.41×10^5km^2，南面耸立着喜马拉雅山脉，东面与横断山脉相连，北面分别为冈底斯山、念青唐古拉山脉、岗日嘎布等。

雅鲁藏布江流域属于高原温带季风半湿润、半干旱气候。冬季受西风环流控制，晴空少云、降水稀少，夏季受来自印度洋暖湿气流的影响，降水较多。印度洋大部分暖湿气流受到喜马拉雅山脉、念青唐古拉山脉的阻挡，难以进入青藏高原腹地，少部分则通过雅鲁藏布江大峡谷进入内陆，从而使藏东南地区降雨较多、四季分明、温度偏高，形成了我国规模最大的海洋性冰川。

雅江流域冰川分布较广，受不同气候的影响，西部主要以大陆型冰川为主，东部以海洋性冰川为主，大致以嘉黎—米拉—朗县—隆子一带为两者的分界。根据第二次冰川编目数据，雅鲁藏布江流域内共有冰川 8446 条，总面积为 10069.88km^2，这些冰川主要分布在念青唐古拉山脉，约占总面积的 82%。与第一次冰川编目数据统计结果相比，冰川面积大量减少，说明雅江流域冰川退缩严重。

雅鲁藏布江是我国第五长的河流，为藏南水利运输、农田灌溉提供重要保障。此外，由于雅江流域有大量冰川分布，夏季温度升高，会有大量冰川融化补给地表径流，从而容易引发洪灾、冰川堰塞湖、山体滑坡等自然灾害。因此，监测雅鲁藏布江流域冰川储量变化，对保护流域生态环境、预防冰川灾害等具有重要的意义。

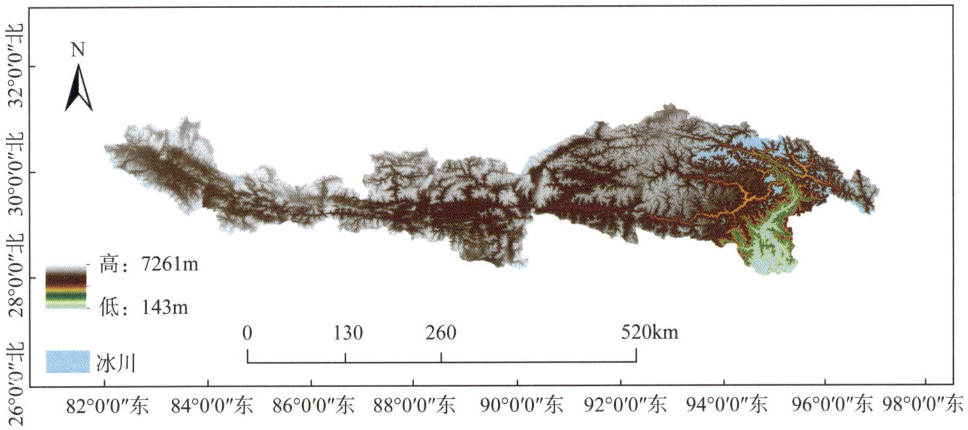

图 4.1　雅鲁藏布江流域

4.2.4.2　监测所用的数据

监测所用的卫星观测数据来源于 GRACE 卫星观测及其相关产品，该卫星通过高低卫卫跟踪（High-Low Satellite to Satellite Tracking，SST-HL）和低低卫卫跟踪（Low-Low Satellite to Satellite Tracking，SST-LL）模式，能够准确获取两颗卫星的距离变化率，实现精确测量地球重力场变化的目的。

GRACE 卫星在轨运行了 15 年，留下了大量观测资料，为全球水循环及陆地水文学、两极冰盖和山地冰川变化及质量平衡、陆地 - 海水质量迁移及全球海平面变化、冰后回弹及地震等地球科学研究提供了重要的支持。GRACE 卫星于 2017 年 8 月结束运行，为了延续对全球重力场的持续观测，NASA 与 GFZ（German Research Centre for Geosciences）合作，于 2018 年 5 月 22 日将 GRACE 的后续卫星发射升空，命名为 GRACE-Follow-On（GRACE-FO），GRACE-FO 卫星发射的目的是替代 GRACE 卫星继续执行环境监测任务。GRACE 和 GRACE-FO 卫星的轨道参数基本一致，测距荷载替换成了精度更高的激光测距系统，激光测距系统比微波测距系统精度提升了 3 个数量级，观测精度达到纳米量级，因此有望提升 GRACE 卫星对地观测的空间分辨率。

GRACE 数据产品可以分为 0 级、1 级、2 级、3 级 4 个等级。0 级数据为原始观测数据，主要包括每颗 GRACE 卫星的科学仪器姿态及日常管理数据、两颗卫星的星间距离变化数据以及卫星所受到的非保守力的加速度等。1 级数据包括 1A 级和 1B 级，1A 级数据是由 0 级数据加工而来的，1B 级是由 0 级和 1A 级数据经过不可逆转换获取，它主要包括星间距离、加速度计数据、轨道数据等信息，在数据处理过程中 1B 级考虑了大气和海洋质量变化短周期的影响，可有效减小某些高频混叠噪声。2 级数据是在 1B 级数据基础上获取的，以球谐系数的形式给出，是我们反演陆地水储量变化常用的数据。3 级数据是 2 级数据的产品，直接给出了全球格网等效水高变化值。

4.2.4.3 GRACE 卫星数据处理方法

GRACE 数据处理步骤如图 4.2 所示。

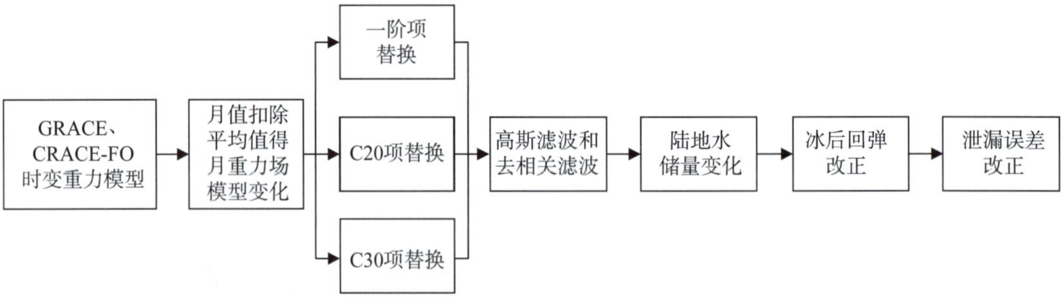

图 4.2　GRACE 数据处理流程

4.2.4.3.1　卫星重力场模型低阶项处理

GRACE 月重力场模型在解算过程中以地球质量中心为参考框架，质心坐标在 *X*，*Y*，*Z* 3 个方向上均为 0，所以一阶项也都为 0，而在研究地球表面质量变化时，需要将参考框架的原点定义为地球形状的中心，因此需要对 GRACE 球谐系数中的一阶项进行替换。通常采用 GRACE 和海洋模型估计的一阶项替换 GRACE 重力场系数中的一阶项。

受 GRACE 卫星轨道高度和倾角影响，GRACE 卫星对重力场模型的低阶项系数 C20 项不敏感，导致低阶项精度较低，影响了观测结果的精度，因此 GRACE 数据在参与运算之前往往需要对 C20 项进行改正，普遍使用卫星激光测距（SLR）获得的 C20 项对模型中相应项进行替换。图 4.3 给出了 GRACE 模型的 C20 项和 SLR 获得的 C20 项的时间序列，从图中可以看出，SLR 获得的 C20 项具有明显的周期性，比 GRACE 解算的结果更稳定，没有较大的起伏和波动。另外从 2016 年 10 月开始，GRACE 和 GRACE-FO 卫星上仅有一颗加速度仪数据用于地球时变重力场的计算，这会造成该段时间 GRACE、GRACE-FO 得到的 C30 项精度较低，可使用 SLR 获得的 C30 项对其进行替换。

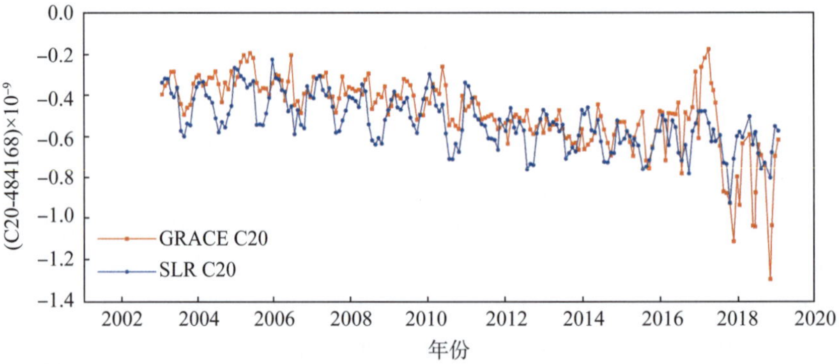

图 4.3　GRACE 和 SLR 的 C20 项对比

4.2.4.3.2　数据空间滤波处理

利用 GRACE 时变重力模型可以解算地球表层质量变化，但由于受卫星轨道误差、K 波段测距误差、加速度计测量误差以及卫星姿态误差等影响，直接利用 GRACE 月观测值反演地表质量变化结果中会存在南北条带噪声和高频噪声，从而使真实信号被淹没。另外，随着球谐系数阶次的增加，误差逐渐增大，当误差大于有用信号时，便会导致信噪比的失衡，因此参与计算的球谐系数的阶数不能太高，一般截取前 60 阶参与计算，避免了高阶项误差，但又引入了截断误差。为了削弱以上各种误差对观测结果的影响，本书结合高斯滤波和去相关滤波削弱数据噪声的影响。

（1）高斯滤波

高斯滤波主要用来压制球谐系数中因阶次增加而增加的噪声，通过引入高斯平滑核函数，可以减小 GRACE 月重力场模型球谐系数中高阶项的权重，降低球谐系数高阶项误差所带来的影响，提高 GRACE 月时变重力数据反演结果的精度。定义高斯平滑核函数为 W_l，可以得到更精确的地表质量变化反演公式：

$$\Delta H(\theta,\lambda)=\frac{2a\pi\rho_{ave}}{3\rho_w}\sum_{l=0}^{\infty}\sum_{m=0}^{l}\overline{P}_{lm}(\cos\theta)\frac{2l+1}{1+k_l}W_l[\Delta C_{lm}\cos(m\lambda)+\Delta S_{lm}\sin(m\lambda)] \quad (4.13)$$

式中 W_l 可以通过递推公式获取：

$$W_0=\frac{1}{2\pi}$$

$$W_1=\frac{1}{2\pi}\left[\frac{1+\mathrm{e}^{-2b}}{1-\mathrm{e}^{-2b}}-\frac{1}{b}\right]$$

$$W_{l+1}=-\frac{2l+1}{b}W_l+W_{l-1}$$

式中：$b=\ln(2)/(1-\cos(r/a))$；r 为高斯滤波半径。

高斯滤波的关键是滤波半径的选取，图 4.4 给出了不同滤波半径下 W_l 随阶数的变化曲线，从图中可以看出，阶数相同时，高斯滤波函数随着滤波半径增大收敛速度逐渐加快；滤波半径相同时，高斯滤波函数随着阶数增大逐渐减小，从而降低了时变重力场系数中高阶项的比重，实现了对球谐系数中高阶噪声的滤除。

（2）去相关滤波

GRACE 数据自身误差使反演结果中存在南北条带噪声，而高斯滤对条带误差的抑制作用有限。书中使用改进的滑动窗去相关滤波方法削弱条带误差造成的影响，该方法是基于 Swenson 和 Wahr 等提出的滑动窗口去相关滤波方法进行改进的，滑动窗口去相关滤波的思想：认为时变重力数据中次数小于 N 的系数相关误差不明显，这一部分的值保持不变；对大于 N 次的系数，固定次数不变，对球谐系数中偶数阶序列和奇数阶序列分别进行滑动窗口为 ω 的多项式拟合，并把拟合结果作为相应系数的误差改正值进行扣除。考虑到传统的滑动窗去相关滤波方法对奇数项或偶数项序列两端无法拟合，从而使部分数据不能进行去相关滤波，詹金刚等通过反向延拓技术改进了传统技术，获得了较好的实验结果。以 $p3m8w7$（3 次多项式拟合、初始次数为 8、窗口长度为 7）为例，说明改进方法的具体步骤如下。

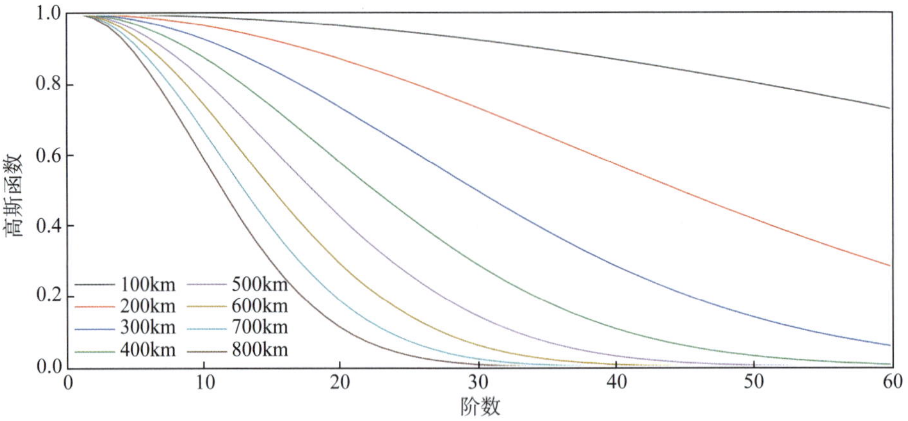

图 4.4　不同滤波半径下高斯滤波函数变化

1）次数 $m < 8$ 的球谐系数保持原值不变。

2）对 $m \geqslant 8$ 的球谐系数，需要进行去相关处理。这里以 m=8 为例说明，原始系数序列为 $C_{8,8},C_{10,8},C_{12,8},C_{14,8},\cdots,C_{54,8},C_{56,8},C_{58,8},C_{60,8}$，经反向延拓后，系数序列变为 $-C_{14,8},-C_{12,8},-C_{10,8},C_{8,8}, C_{10,8},C_{12,8}, C_{14,8},\cdots,C_{54,8}, C_{56,8},C_{58,8}, C_{60,8},-C_{58,8}, -C_{56,8},-C_{54,8}$，对这 7 项进行 3 次多项式拟合，将拟合值作为相关误差扣除。

3）分别对 ΔC_{lm} 和 ΔS_{lm} 进行去相关处理，并从原始球谐系数中扣除 2）中的相关误差改正项。

图 4.5 给出了空间滤波效果对比图，从图中可以看出，原始 GRACE 结果存在较多南北条带噪声，掩盖了真实信号，经过空间滤波处理效果得以改善。由图 4.5(b)– 图 4.5(d) 可以看出，虽然增加滤波半径可以将条带噪声全部滤除，但同时也滤掉了部分有用信息，因此选择合适的高斯滤波半径对反演结果至关重要，尽量选择较小的滤波半径保留更多的有用信息。对比图 4.5(a) 和图 4.5(e) 可以看出，去相关滤波能很好地降低高纬度地区的条带噪声，但对赤道附近的条带削弱作用不明显。图 4.5(f)– 图 4.5(h) 为组合滤波的效果，从图中可以看出，300km 高斯滤波和去相关滤波组合能很好地滤除条带噪声，同时也极大地保留了有用信号。因此，本书在反演冰川质量变化过程中使用 300km 高斯滤波和去相关滤波相组合的方式去除时变重力数据中的噪声。

4.2.4.4　冰川均衡调整

冰川均衡调整（GIA，Glacial Isostatic Adjustment）是黏弹地球对末次地球表面负荷变化的响应。其过程主要表现为地幔物质的流动、地壳的运动和地球重力场的变化，是一种重要的地球动力学现象。GIA 引起的质量变化对 GRACE 监测陆地水储量变化来讲是一种噪声，应该从 GRACE 反演结果中扣除，本书利用 ICE–6G–C 模型进行 GIA 改正。

4.2.4.5　泄漏信号恢复

球谐系数的截断和空间滤波都会引起信号泄漏，信号泄漏在频域上是指高频信号或误差泄漏到低频部分，在空间上是指研究区内的信号流出或研究区外的信号流入。信号泄漏会使研究结果出现较大偏差，因此，为了正确估计陆地质量变化，必须对泄露信号进行恢

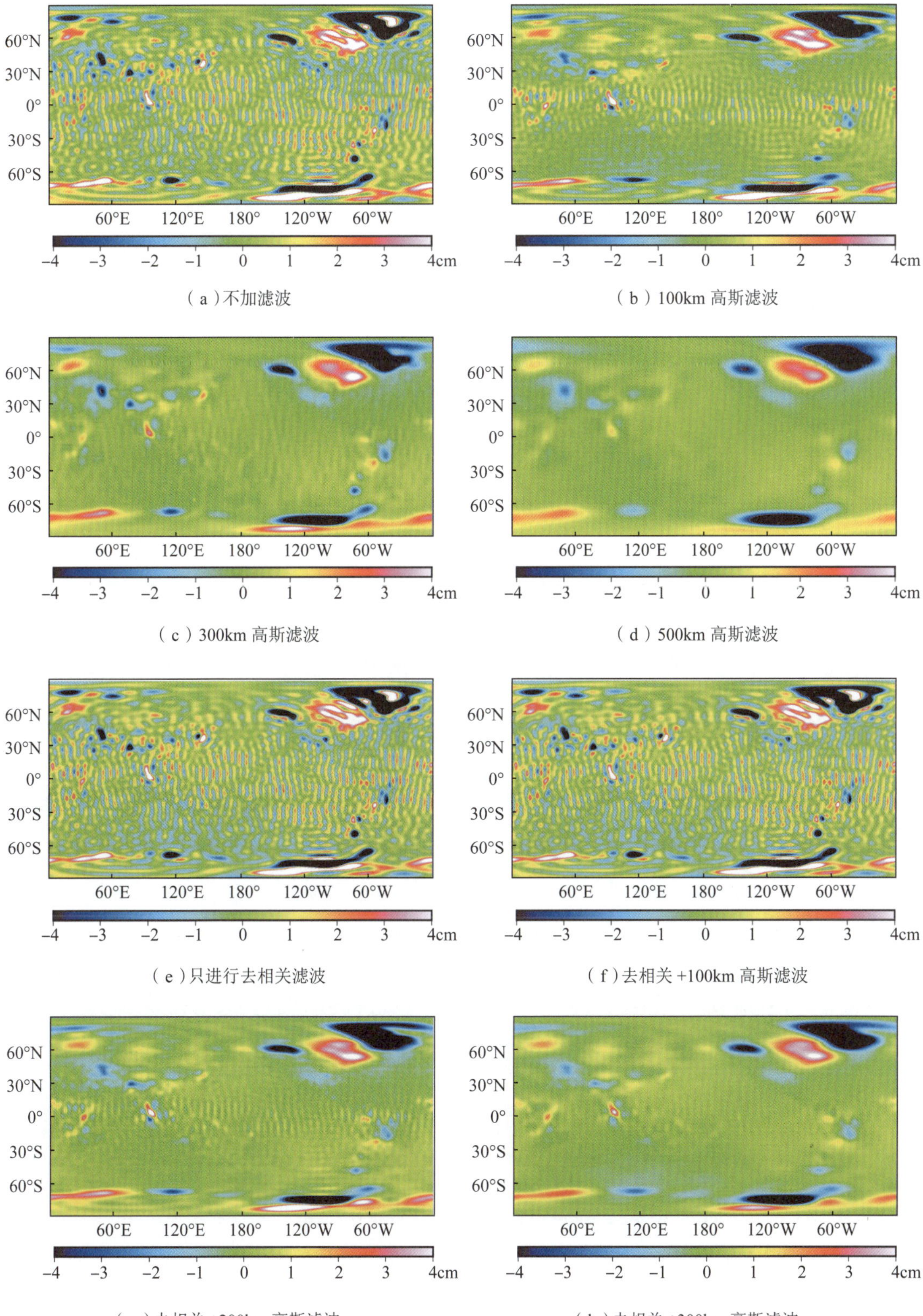

（a）不加滤波
（b）100km 高斯滤波
（c）300km 高斯滤波
（d）500km 高斯滤波
（e）只进行去相关滤波
（f）去相关 +100km 高斯滤波
（g）去相关 +200km 高斯滤波
（h）去相关 +300km 高斯滤波

图 4.5　空间滤波效果对比图

复。目前，常用的泄漏误差恢复方法包括尺度因子法、区域核函数法、正演建模法、频域法和空域法等。本书研究采用正演建模法和空域法恢复冰川区泄漏信号。

4.2.4.5.1 正演建模法

正演建模法（Forward-Modeling）最早是由 Chen 等提出的，该方法的核心思想是：假设要恢复的信号为 Q，GRACE 计算的结果为 R，Q、R 均表示质量变化的等效水高值，令 Q 的初始值等于 R，对 Q 进行球谐展开并截断到同 GRACE 同样的阶数，然后采用与 GRACE 同样的处理策略得到结果 S。利用迭代的思想，使 S 和 R 的差值 dQ 回加到 Q 继续执行上述步骤，直到结果 S 与 R 差值的绝对值满足设定的阈值或迭代次数，停止迭代，则此时的 Q 即为恢复的信号值。

为了直观反映正演建模法恢复泄漏信号的效果，以模拟的等效水高数据为真值，进行球谐展开与截断得到对应的球谐系数，然后利用式（4.13）得到对应的等效水高变化如图 4.6（b）所示，从图中可以看出，经过球谐截断和空间滤波后信号发生明显扩散。利用正演建模法恢复结果如图 4.6（c）所示，由图可知，恢复结果虽然不能和真值完全一致，但相较于图 4.6（b）已经得到了较好的恢复。从图 4.6（d）可以看出，恢复结果展开后与真值展开结果差值在较小的范围，说明泄漏误差改正效果显著。

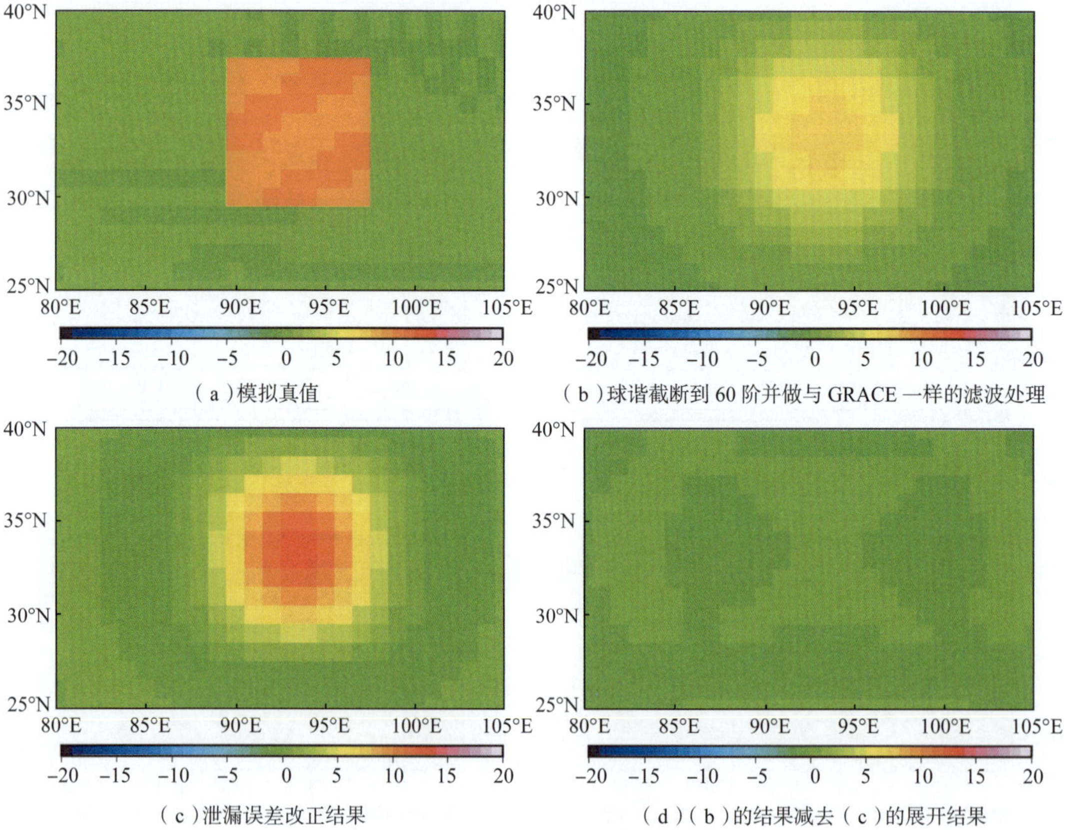

（a）模拟真值　（b）球谐截断到 60 阶并做与 GRACE 一样的滤波处理

（c）泄漏误差改正结果　（d）（b）的结果减去（c）的展开结果

图 4.6 数值模拟结果

4.2.4.5.2 空域法

空域法是易爽等在频域法的基础上提出的，较频域法相比，空域法操作简单、计算量小。空域法的原理是假定地表质量变化由一系列位置已知、质量未知的质量块（Mascon）引起的，根据 Mascon 的球谐展开和综合结果与 GRACE 结果的线性关系，可推求每个质量块对应的系数，此系数序列即为各个 Mascon 对应的区域平均结果。空域法的基本步骤如下：

1）球谐展开单位质量块边长为 0.5°，等效水高为 1cm，中心位于（X，Y）并截断到特定阶数。

2）作高斯滤波，并将球谐系数展开到网格，保留研究区内的网格 g。

3）假设研究区有 n 个质量块，分别记为 m_1，…，m_n，由步骤 2）可以得到 n 个对应的展开格网，记为 g_1，…，g_n，则总的空间分布可表示为 mg，矩阵形式为 $Am=b$，其中 $A=[g_1, \cdots, g_n]$，$m=[m_1, \cdots, m_n]$，b 为研究区 GRACE 反演结果。

4）通过病态最小二乘拟合参数 m，即可得到每个质量块对应的等效水高区域平均值。

空域法已被用于研究高亚洲冰川和南极冰盖的质量变化，它以质量块作为约束，将研究区内的总质量变化约束到定义的质量块中，实现对冰川信号的最大保留。

4.2.4.6 冰川质量变化计算

根据式（4.13）利用 GRACE、GRACE-FO 时变重力数据可以反演陆地质量变化，并以等效水高表示。因此，根据水量平衡原理，冰川质量变化可表示为：

$$\Delta ICE = \Delta TWS - \Delta SM - \Delta SWE \tag{4.14}$$

式中：ΔICE 为冰川储量变化；ΔTWS 为陆地质量变化（短期内表示水储量）；ΔSW 为土壤水储量变化；ΔSWE 为雪水当量变化。其中，ΔTWS 为 GRACE、GRACE-FO 计算结果，主要包括地下水、土壤水、积雪水、地表径流、植被水等。ΔSW 和 ΔSWE 均可在 GLDAS 水文模型中得到。

GLDAS 模型中 Noah 陆地表面模型提供的逐月浅层地表水储量数据（0 ~ 10cm、10 ~ 40cm、40 ~ 100cm、100 ~ 200cm 的土壤水储量、雪水当量、冠层水储量），浅层地表水储量数据时间序列为 2002 年 4 月至 2021 年 3 月，空间分辨率为 0.25° × 0.25°。

GLDAS（Global Land Data Assimilation System）水文模型由美国宇航局戈达德空间飞行中心和美国国家环境预报中心联合建立，包括 NOAH、VIC、CLM、MOSAIC 4 种陆地表面模式。本节采用 2003 年 1 月至 2019 年 12 月 Noah 陆面模式的 Version1 数据，时间分辨率为 1 个月，空间分辨率为 1° × 1°。选取该数据的 4 层土壤水（0 ~ 200mm）、雪水当量和冠层水计算区域地表水储量变化。

1）从 2003 年 1 月至 2019 年 12 月的 GLDAS 水文数据中提取出 4 层土壤水（0 ~ 200mm）、雪水当量和冠层水等对应的格网来计算研究区地表水储量变化。

2）由于要与 GRACE 的结果联合求解，因此要使 GLDAS 数据的空间分辨率尽可能与 GRACE 一致，通过球谐截断和空间滤波等处理可以使 GLDAS 结果的空间分辨率降低。将 1）中求的每个月地表水储量变化格网进行球谐展开，并截断到同 GRACE 球谐系数相同的阶数。

3）把展开的球谐系数扣除均值得到残差项，并进行 300km 高斯滤波和 $p3m8w5$ 反向延拓滑动窗口去相关滤波，然后利用式（4.14）得到研究区地表水储量变化值。

4.2.4.7 气象资料分析

降水数据采用美国国家宇航局和日本空间发展局提供的 TRMM（Tropical Rainfall Measuring Mission）全球降水数据产品，空间分辨率为 0.25° × 0.25°，时间分辨率为 1 个月。该产品提供的是月降水量（毫米 / 月）数据，为了反映降水和水储量变化的关系，将其转换成对应月份的降水量。另外，为了保持与 GRACE 数据空间分辨率的一致，采用 3 次样条插值方法将降水数据插值成 1° × 1°，然后扣除各个格网点上的平均值，得到中国区域 1° × 1° 的月降水异常。

温度数据采用美国国家海洋和大气管理局提供的戈达德空间研究所对全球表面温度分析数据集 (GISTEMP, GISS Surface Temperature Analysis)，数据的空间分辨率为 2° × 2°，时间分辨率为 1 月，覆盖范围是 89.0° N ~ 80.0° S，1.0° E ~ 359.5° E，该数据集提供了 1980 年至今的所有数据，具有较好的时间连续性。采用同降水异常相同的处理过程可以得到中国区域的月温度异常。

4.2.4.8 结果与分析

4.2.4.8.1 陆地水储量和地表水储量变化分析

本书使用美国得克萨斯大学空间研究中心提供的 GRACE、GRACE-FO RL06 版本时变重力场数据，模型的最大阶数为 96，时间跨度为 2003 年 1 月至 2019 年 12 月，共有 31 个月的数据缺失，其中 2017 年 6 月至 2018 年 6 月这 11 月的数据空白是由于卫星任务更替造成的，对除了这 11 个月的其他缺失数据采用 3 次样条插值方法补齐，并使用 4.2.4.3 节提到的相关数据和理论反演了雅鲁藏布江流域陆地水储量和地表水储量变化。

图 4.7 为陆地水储量和地表水储量变化曲线，从图中可看出，陆地水储量变化和地表水储量变化均表现出明显的周期性，分别在冬季和夏季达到最小值和最大值。在时间尺度上，GRACE 的结果和 GLDAS 的结果具有较好的一致性，但 GRACE 结果的振幅较大，这是因为 GRACE 结果是综合各种因素后的水储量变化，而 GLDAS 水文模型只是表层土壤水和地表积雪变化，不包括深层土壤水、冰川、地下水、地表河流及湖泊的水储量变化。对 GRACE 和 GLDAS 的结果进行最小二乘线性拟合，得到他们的变化速率分别为 -0.84cm/a 和 -0.12cm/a，这说明地表水储量变化对雅鲁藏布江流域整体质量亏损影响较小。

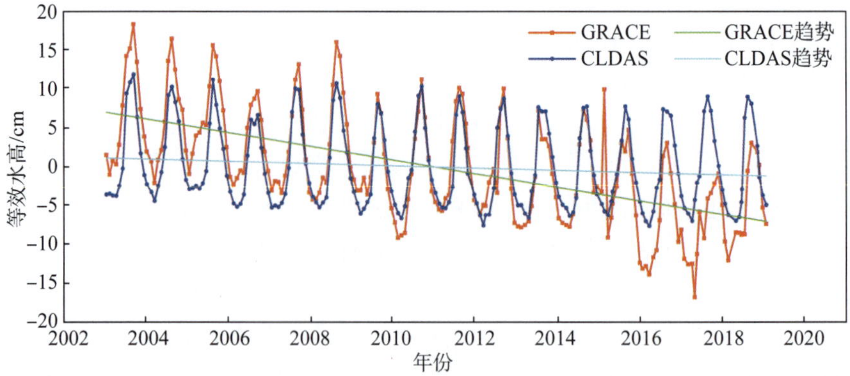

图 4.7 陆地水储量和地表水储量变化曲线

4.2.4.8.2 雅江流域冰川储量变化

根据中国区域冻土分布情况可知，雅鲁藏布江流域存在多年高山冻土，地下水和深层土壤水在冻土层的保护和补给下相对稳定，冰川质量变化结果受其他因素的影响较小。图 4.8 为雅鲁藏布江流域冰川质量变化速率图，图中显示雅江流域整体呈质量亏损状态，其中东段区域变化趋势较为明显，最大值为 −2.13cm/a，中段的年楚河流域冰川变化速率次之。图 4.9 给出了雅江流域冰川质量变化序列，其中冰川质量的变化速率为 −0.95cm/a，说明念青区域 2003—2019 年冰川质量亏损严重。此外，在 2015 年 1 月至 3 月间念青唐古拉山脉地区存在一个明显的质量变化异常信号，但这一异常在地表水储量变化序列中未出现，结合 2015 年 3 月左右研究区附近地震的分布情况，认为该质量异常可能与地球内部的物质迁移有关。

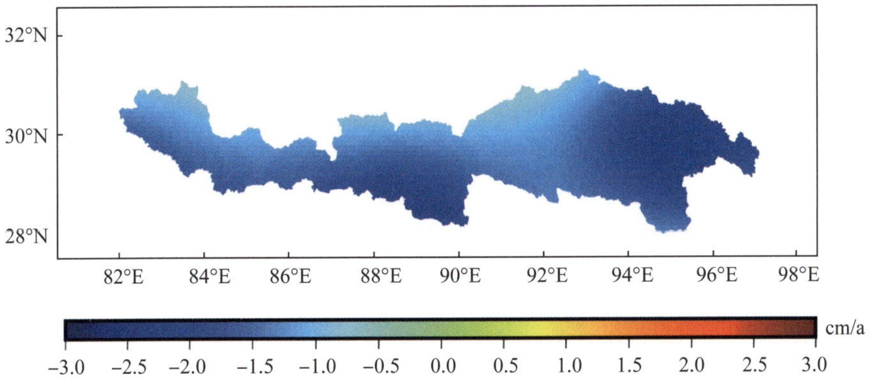

图 4.8 雅江流域冰川质量变化速率

对比图 4.9 两个序列可以看出，经过泄漏误差改正的结果振幅较大，通过最小二乘线性拟合的变化速率为 −1.21cm/a，说明经过泄漏改正一定程度上恢复了由空间滤波引起的信号扩散。另外，从图中还可以看出，2003—2013 年与 2013—2019 年雅江流域冰川质量亏损速度有所不同，2013—2019 年亏损速度更快一些，大约为 −1.45cm/a。

为了探究冰川质量变化及影响机制，分别提取了春、夏、秋、冬 4 个季节的温度异常和降水异常曲线，并与冰川储量变化曲线进行对比，如图 4.10 所示。从图中可以看出，4 个季节冰川储量变化均呈现明显消融趋势，其中夏、秋季节的消融速率较大，分别为 −15.24cm/a 和 −15.36cm/a，冬季变化速率较小为 −12.48cm/a。从温度变化曲线上可以看出，4 个季节温度均在逐年升高，其中夏季和秋季升温幅度较大，其变化速率分别为 0.42cm/a 和 0.56cm/a，春季和冬季升温速率较小，说明近些年气温在持续变暖。从降水异常柱状图中可以看出，除了夏季降水异常为正值外，其余季节降水异常均为负值，这与雅鲁藏布江流域西段和中段受盛行西风带的影响有关，图中绿色实线为降水异常趋势线，从四季降水趋势变化上可以看出，雅江流域近年来降水在持续减少。从整体看，夏季冰川质量变化和温度、降水存在一定的相关性，经统计发现，夏季冰川质量变化和温度异常的相关性较好，其相关系数为 −0.52，说明温度变化对冰川物质平衡的影响较大，同时，也统计了春季、秋季和冬季温度异常与冰川质量变化曲线的相关系数，相关性均不明显，其中秋季的相关系数较大也仅为 −0.20。由于降水过程往往发生在一定区域的范围内，因此

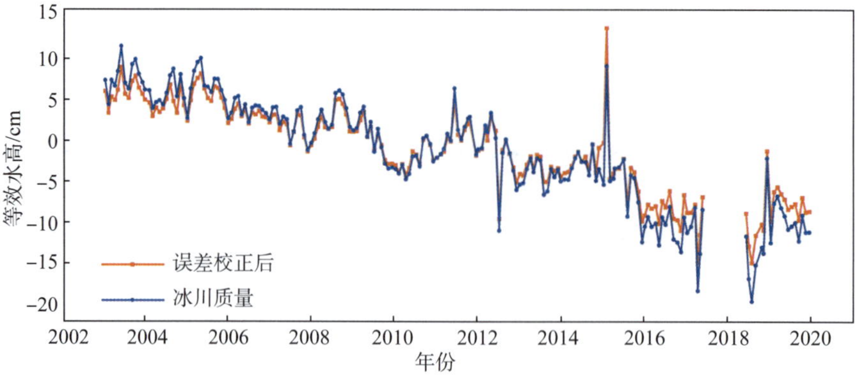

图 4.9　冰川质量变化序列

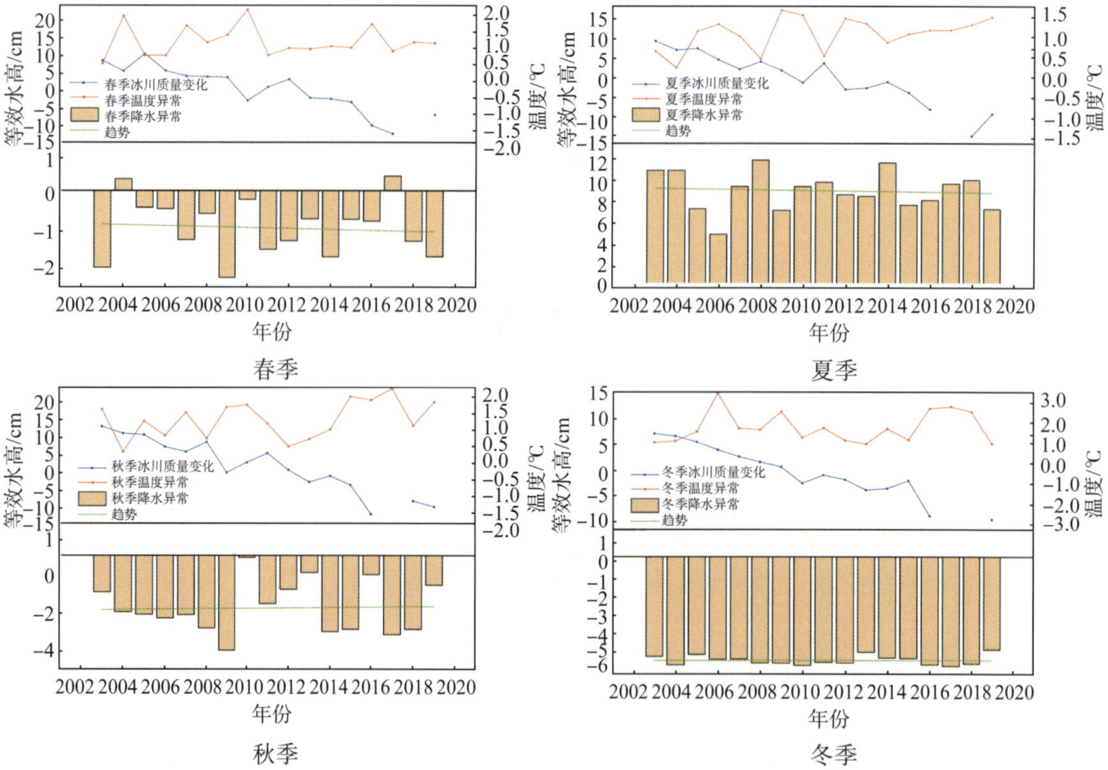

图 4.10　四季降水异常、温度异常和冰川质量变化

不能反映整体变化，因此在 4 个季节中降水异常和冰川质量变化曲线的相关性均较差。通过以上分析，可以知道温度升高和降水减少是导致雅鲁藏布江流域冰川质量减少的主要原因。

4.2.4.9　冰川监测情况总结

以雅鲁藏布江流域为研究对象，利用 GRACE、GRACE-FO 数据反演了研究区 2003—2019 年间陆地水储量、地表水储量变化及冰川质量变化。

1）2003—2019 年雅鲁藏布江流域陆地水和地表水储量变化均呈下降趋势，下降速率

分别为 -0.84cm/a 和 -0.12cm/a，二者变化趋势基本一致，在夏秋季节达到最大值，在春冬季节达到最小值，在 2013 年之后陆地水储量变化有加速趋势。

2）2003—2019 年间雅鲁藏布江流域冰川质量变化趋势整体呈减少趋势，其变化速率为 -1.45cm/a。利用降水和温度数据通过相关性分析验证了春、夏、秋、冬 4 个季节冰川质量变化和温度异常、降水异常的关系，监测表明夏季温度较高、冰川发育受阻，此时观测的质量亏损主要是冰川消融引起的，其和温度异常的相关性较好，同时结合降水异常变化，可以得出雅鲁藏布江流域冰川消融和温度升高、降水减少有关。

4.3 卫星时变重力的中国区域地下水变化监测应用

地下水是我国自然资源的重要组成部分，准确掌握其储量变化情况及时空分布特征对于自然资源合理开发利用、国土空间科学规划具有重要意义。早在 2014 年，习近平总书记就提出要坚持“以水定城、以水定地、以水定人、以水定产”的水资源、水生态、水环境管理原则，对于自然资源行业来说，开展地下水监测，不仅是技术优势更是业务职能。

传统的地下水水文监测获取的是空间离散且不均匀分布的实地观测数据，其不足之处一是费时费力成本高且难以实现对承压水的监测，二是容易受人为因素干扰，三是观测成果在大尺度使用时容易造成信息损失并进而导致结果失真。卫星重力技术可经济全面、客观准确、快速高效地实现大尺度地下水变化监测。本书在研究中利用国外重力卫星数据，采用自主开发的应用软件实现对我国近 20 年来地下水总体变化情况和典型区域变化情况的监测，并对监测结果按行政区域和地质构造、地理地貌单元进行细化分析，结果可为政府管理工作提供决策参考，也方便科研人员进一步开展理论技术研究。

本研究是对国外重力卫星在我国地下水监测方面的试验性应用，取得成果可用于国家地下水资源开发管理、大尺度国土空间规划等宏观基础性工作，进一步的精准分析与细化应用还需与地质构造、地理地貌、气候气象、农村农业、人口经济等学科领域或行业部门联合开展。在我国自主重力卫星发射后，卫星重力数据源将有可靠保障，原始数据可靠性将进一步增强。在此基础上联合光学、雷达等卫星遥感技术和地面水文观测技术共同开展研究，卫星重力地下水监测技术有望再上一个新台阶，并进而实现更加广泛的应用。

4.3.1 地下水储量变化监测的背景与意义

水是人类赖以生存的基本要素，尤其是地下水，作为地球淡水资源的重要组成部分，其储量与水质的变化及时空分布对人类的生产生活等各类社会活动产生重要制约。地下水减少将减弱地面径流，诱发海水倒灌，并导致地面沉降、地下水水质下降等一系列生态环境问题；地下水增多造成的土地盐碱化、地下工程渗水、农业用地内涝等问题同样不可忽视；地下水总量不变，但其时空分布不适当亦会导致局部性的和阶段性的地下水问题。

对于我国来说，人口占世界人口比例的 21.5%，而淡水资源量仅占全球淡水总量不足 7%，且总体上东南多西北少、冬季枯夏季汛的时空分布严重不均的问题。作为淡水资源的两大组成部分，我国地下水与地表水的资源储量与时空分布表现要素相似，面临问题相同，其中地表水与地下水资源短缺造成的问题更加突出，尤其是地下水资源，在改革开放后，随着经济的快速发展，其短缺问题变得日益严重，并进而诱发一系列生态环境问题，不仅严重制约了经济的可持续发展，对人民生活健康亦造成严重威胁。

近30年来，我国地下水的开采量以每年$25 \times 10^8 m^3$的速度递增，每年开采的地下水一半以上用于农业生产。目前我国由于地下水超采形成的地下水漏斗区多达几十处，其中面积达到$10000km^2$以上的有7处，最大的漏斗区面积达到$88000km^2$，整个华北平原已成为全球面积最大的"漏斗区"。地下水水位下降加剧了地下水水质下降，根据国家地下水质量标准，我国东部主要平原地区地下水可以直接饮用的不足20%。地下水的储量减少和质量下降使得地下水问题已经成为我国当前关乎国计民生的重大问题。

造成上述问题的主要原因一方面源于我国地下水资源禀赋不足即时空分布不均匀，另一方面源于对地下水资源变化把握不精准导致的应对策略不足。准确掌握地下水时空分布特征及储量变化情况，并针对性地提出科学应对措施，对于自然资源合理开发利用、国土空间科学规划具有重要意义。

为落实自然资源部"尽快深入研究水量变化，国内水资源调查工作如何开展，进行专题研究"的指示精神，自然资源部国土卫星遥感应用中心成立专业团队，面向我国已经规划发展的重力卫星，着手开发重力卫星自然资源应用系统，并在我国重力卫星发射前，先行利用GRACE和GRACE-FO重力卫星观测数据，针对性开发了可嫁接移植，可升级扩展的卫星重力地下水变化监测自主创新技术软件。

该软件1.0版实现了GRACE卫星的地下水变化监测应用，2.0版实现了GRACE-FO卫星的地下水变化监测应用，目前正在开发3.0版，目标是实现GRACE和GRACE-FO卫星的地下水变化监测一体化综合应用。本书利用该软件的1.0版和2.0版，分别对GRACE和GRACE-FO重力卫星观测数据进行处理，并结合GLDAS水文模型数据，对2003年1月至2020年12月中国地下水变化及分布情况进行总体监测，对地下水变化显著区域进行重点监测的结果。本书力求通过对中国地下水总体变化情况和典型区域变化情况的监测与分析，发现地下水时空变化的规律与原因，为地下水资源的合理开发、集约利用、精准配置、科学管理提供决策依据。所研发相关技术是未来我国重力卫星自然资源应用系统建设的重要组成部分，可为我国水资源卫星遥感监测应用体系提供技术支撑。

4.3.2 地下水变化监测技术

4.3.2.1 传统技术与卫星重力技术分析

我国的地下水按发育环境大致可分为盆地空隙地下水、黄土地下水、岩溶地下水、基岩地下水等4种主要形式。地下水监测的传统方法是水文观测，布设监测站点对地下水水位、水质、水温等指标进行实地测量。传统方法监测精度高，但费时费力且投入巨大。由自然资源部和水利部共同承担建设的国家地下水监测工程2015年启动，2019年完成，布设2万多个监测站点，投入超过20亿元，也仅仅实现了对我国主要平原盆地和岩溶含水层地下水水位、水质的监测，对于我国区域分布最广，占全国地下水可开采量近30%的基岩地下水仍难以实现有效监测。

卫星重力监测地下水是利用卫星遥感手段对地下水变化导致重力变化的测量实现的，根据国家标准《水文地质术语》对地下水的定义，地下水的本质就是埋藏在地表以下的各种形式的重力水。因此，利用重力测量开展地下水变化监测具有监测对象更全面的技术特点，而卫星重力监测地下水变化更具有经济快速高效的显著优势，既是对难以有效实现基岩地下水变化监测的传统水文监测方法的补充，也可为传统方法监测靶区的探测、监测站点的规划布设提供基础资料，通过对传统方法部分技术环节的替代有效降低传统方法的监测成本。

卫星重力地下水监测的优势是经济、快速、高效，其不足之处是分辨率低、技术难度大且针对性弱。本书所用的 GRACE/GRACE-FO 卫星数据最优空间分辨率为 200km 左右，由于各种不利因素影响，在实际应用中所能达到的分辨率更低。

在技术难度方面，卫星重力目前主要是采用国外 GRACE/GRACE−FO 卫星观测数据，利用基于 GRACE/GRACE−FO 卫星的时变重力场模型计算地球质量变化。但由于受卫星轨道误差、K 波段测距误差、加速度计测量误差以及卫星姿态误差等影响，直接反演的结果中会存在南北条带噪声和高频噪声，从而使真实信号被淹没，因此需针对地下水监测应用具体需求开发相关数据滤波技术加以解决。

此外，时变重力场模型的高阶项部分代表地球重力场的短波信号，而低低卫星跟踪卫星探测模式对短波信号不敏感，从而造成高阶项误差较大。当无效噪声大于有用信号时，便会产生信噪比的失衡，因此参与计算的球谐系数的阶数不能太高，一般截取前 60 阶参与计算，这样做避免了高阶噪声但又引入了截断误差。而且球谐系数的截断和空间滤波都会引起信号泄漏，即研究区内的信号流出或研究区外的信号流入。信号泄漏会使研究结果出现较大偏差，因此，为了正确估计陆地质量变化，必须对泄漏信号进行恢复。

在针对性方面，重力卫星是通过重力变化观测反演地下水的变化，而地下水变化并不是重力变化的唯一因素，因此卫星重力监测地下水变化还需排除地表水等其他变化要素的影响，因此需引入水文模型数据确保方法科学、结果可靠。

为解决上述技术问题，本书在研究中重点开展了区域信号泄漏误差改正技术、质量平衡分析技术等卫星重力地下水监测相关关键技术研究，并开发成相应软件，成功实现卫星重力对地下水变化的可靠监测。

4.3.2.2 地下水区域信号泄漏误差改正技术

地下水区域信号泄漏误差改正的目标是实现地下水信号的有效恢复和提取，其技术关键在于对信号泄漏改正进行建模。研究中采用 4.2.4.5.1 节的方法进行地下水区域信号泄漏改正。

为确保技术可靠性，须利用仿真数据对正演建模法恢复泄漏信号的效果进行验证，结果如图 4.11（a）所示。图 4.11（c）是经过球谐分析和高斯滤波处理后的结果，从图中可以看出经过球谐截断和空间滤波后信号发生了明显的扩散。以图 4.11（c）的结果为初始迭代值，经过正演建模法恢复后的结果如图 4.11（d）所示，由图可知，恢复结果虽然不能和真值一致，但可恢复到接近图 4.11（b）的水平，说明正演建模过程恢复了高斯滤波引起的信号泄漏。为了验证恢复效果，将图 4.11（d）进行球谐分析和高斯滤波处理得到的结果与图 4.11（c）进行差值得到图 4.11（f），从图中能够看出，恢复值展开与真值展开的差值在较小的范围，说明泄漏误差改正效果显著。

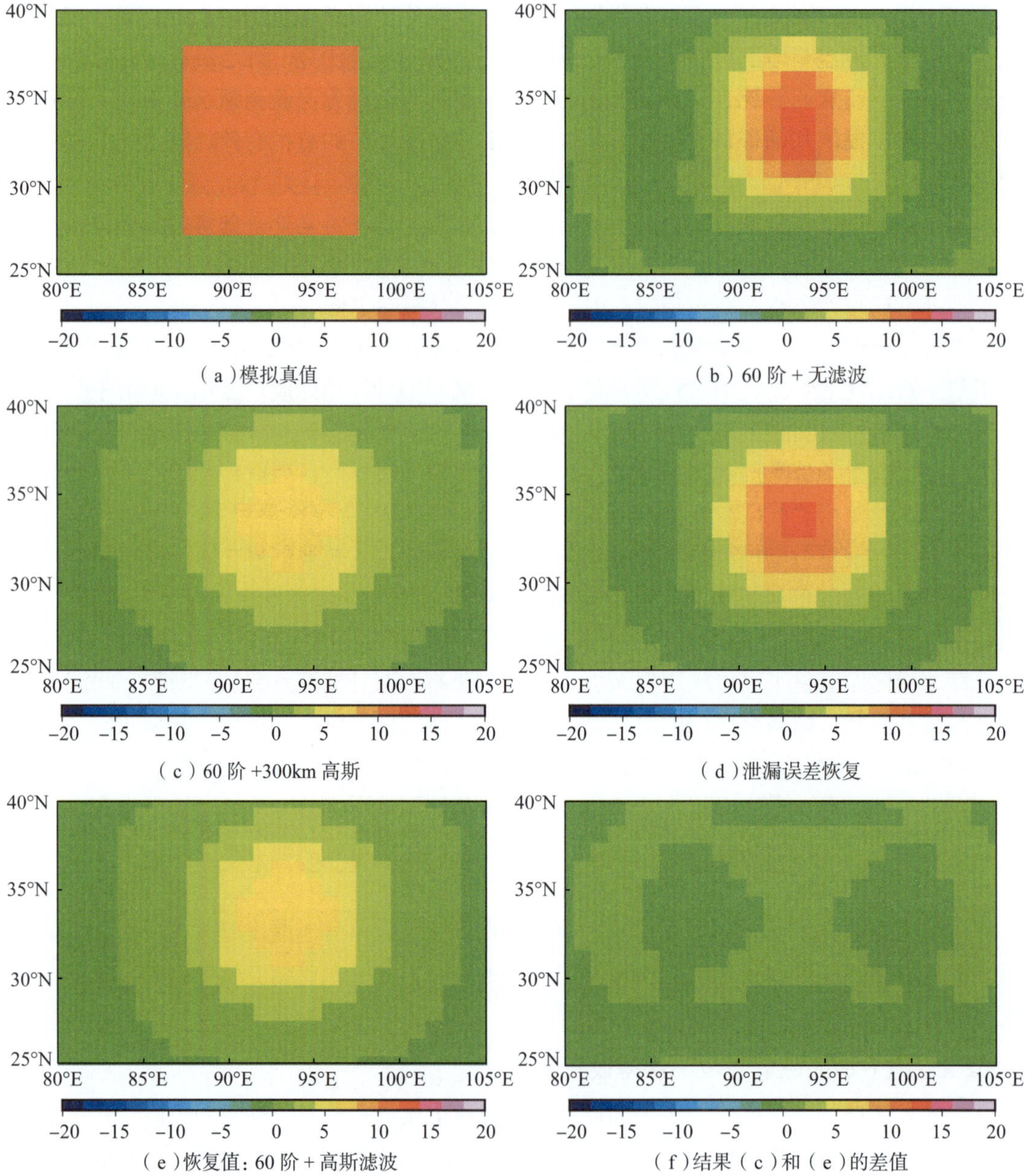

（a）模拟真值　（b）60 阶 + 无滤波

（c）60 阶 +300km 高斯　（d）泄漏误差恢复

（e）恢复值：60 阶 + 高斯滤波　（f）结果（c）和（e）的差值

图 4.11　泄漏误差改正数值仿真分析

4.3.2.3　基于水文模型的地下水质量平衡分析技术

利用 GRACE/GRACE-FO 时变重力数据反演的质量变化可以表示为等效水高，根据水量平衡原理就可以将地下水储量变化表示为：

$$\Delta GWS = \Delta TWS - \Delta SM - \Delta SWE \qquad (4.15)$$

式中：ΔGWS 为地下水储量变化；ΔTWS 为陆地质量变化（短期内表示水储量）；ΔSM 为土壤水储量变化；ΔSWE 为雪水当量变化。其中，ΔTWS 为 GRACE、GRACE-FO 计算结果，主要包括地下水、土壤水、积雪水等物质迁移引起的变化。ΔSM 和 ΔSWE 均可在 GLDAS 水文模型中得到。其中，GLDAS 水文模型由美国宇航局戈达德空间飞行中心和美国国家环境预报中心联合建立，包括 NOAH、VIC、CLM、MOSAIC 4 种陆地表面模式。本书采用 2003 年 1 月至 2022 年 12 月 Noah 陆面模式的 Version1 数据，时间分辨率为 1 个月，空间分辨率为 1° ×1°，选取该数据的 4 层土壤水（0 ~ 200mm）、雪水当量计算地表水储量变化。

4.3.3 中国地下水储量总体变化情况及具体变化因素分析

4.3.3.1 中国地下水储量总体变化情况

图 4.12 是卫星重力技术获得的 2003—2022 年中国地下水储量的变化情况，图 4.13 为 2003—2022 年中国地下水储量变化的时间序列，由于 GRACE 卫星坠毁后与 GRACE-FO 发射前存在观测空白时段，其监测结果存在时间中断。监测所用数据源于国外的 GRACE/GRACE-FO 卫星，卫星重力地下水变化监测应用技术及相应软件为本书作者团队自主研发。

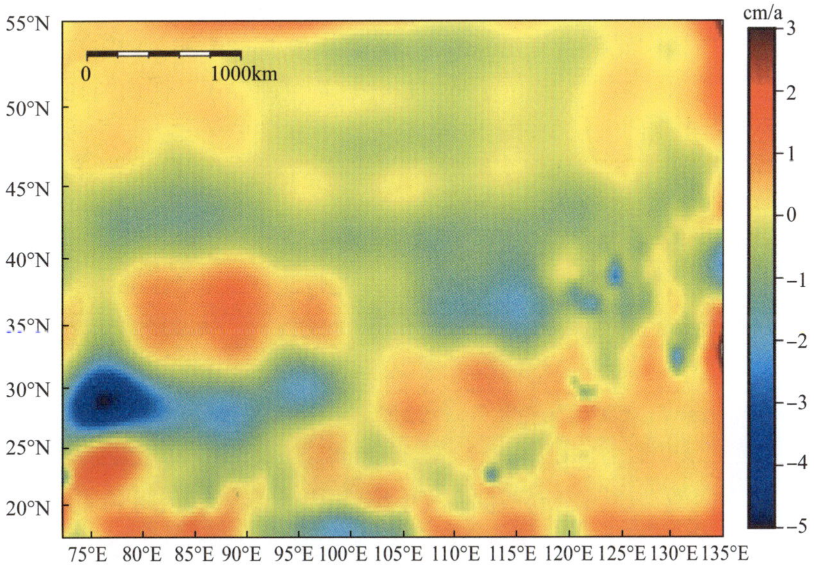

图 4.12　中国地下水储量变化情况（2003 — 2022 年）

利用卫星重力开展地下水监测工作的顺利实施说明利用卫星重力技术可以有效开展大区域地下水宏观总体变化监测，与传统水文监测方法相比，具有更快速、更高效、更经济、更全面的特殊优势。监测技术的顺利实现意味着我们利用卫星重力不仅仅可以获得中国 2003—2022 年的变化结果，还可以得到全球任何足够大区域内该时间区间内的变化结果，以及该时间区间内任意年份之间的变化情况，乃至期间任意年度内季节间的地下水变化情况。

根据卫星重力监测结果，中国 2003—2022 年间地下水储量变化总体上呈现逐年下降的趋势，如图 4.13 所示，平均下降速率为每年 -0.15cm，其中个别年份地下水储量变化异常。2016 年以后，地下水储量下降趋势有所缓和。但是，地下水变化存在明显的空间分布差异特征，如图 4.12 所示，主要表现为七大空间分布区域，按变化剧烈程度和变化发生区域面积大小为序分别如下。

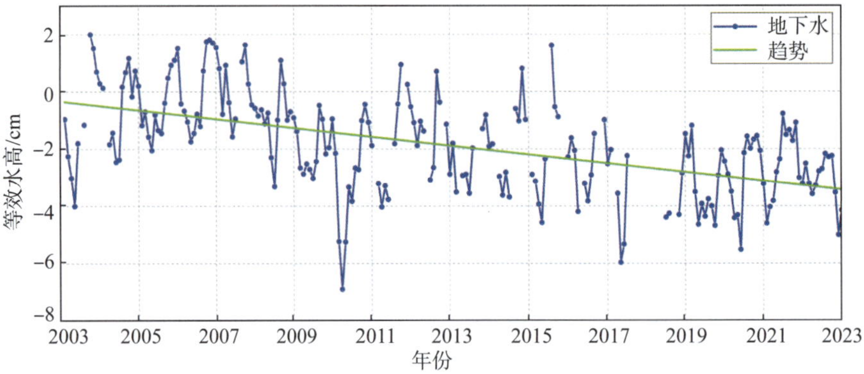

图 4.13　中国地下水储量变化时间序列（2003 — 2022 年）

（1）中东部显著下降区

从行政区上讲是以河南北部、河北南部、山东西部的交界处为中心，从地学（地理与地貌、地质与构造）单元上讲是以华北平原中偏东北部为中心的地下水储量显著下降区。该区域包括河南、陕西中北部，河北、山东、山西、北京、天津，内蒙古中东部、吉林西南部、辽宁西部等行政区域，大致位于淮河以北、贺兰山以东、阴山与辽河以南，面积约 $150\times10^4km^2$ 的中国中东部区域（图 4.14）。

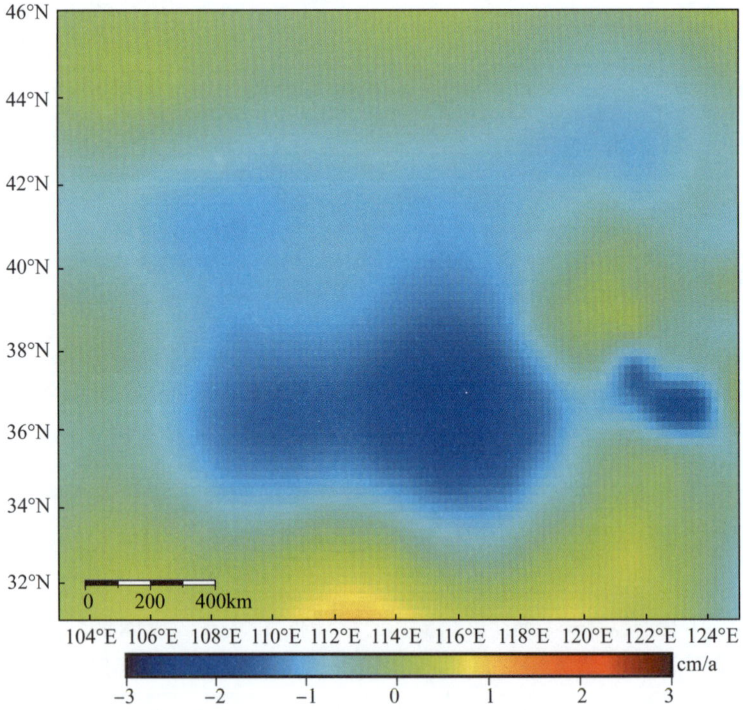

图 4.14　中东部地下水储量变化分布

中东部下降区属于中纬度大陆性半干旱季风气候，年平均降水量约为 550mm，且降水多集中在 7—9 月，占全年降水量的 75% 左右，冬季降水较少。该区域是我国人口最为稠密的地区之一，同时也是粮食的重要产地，对水资源较为依赖，过度开采地下水已使华北区域成为我国最大的“漏斗区”。

中东部地区地下水变化具有季节性变化特征，地下水变化整体呈现显著下降趋势，速率为 −0.92cm/a。夏季下降速率最大，这与春夏农业用水集中有关。其中，2015 年的地下水异常上升现象与 2015 年至 2016 年中国区域经历强厄尔尼诺现象引起的降水异常增多相关，2016 年之后，该地区的地下水下降趋势得到有效遏制，并逐渐实现回升，这与南水北调工程的跨流域调水密切相关。总体来看，中东部地区水资源现状仍然十分严峻，水资源保护利用任重道远（图 4.15）。

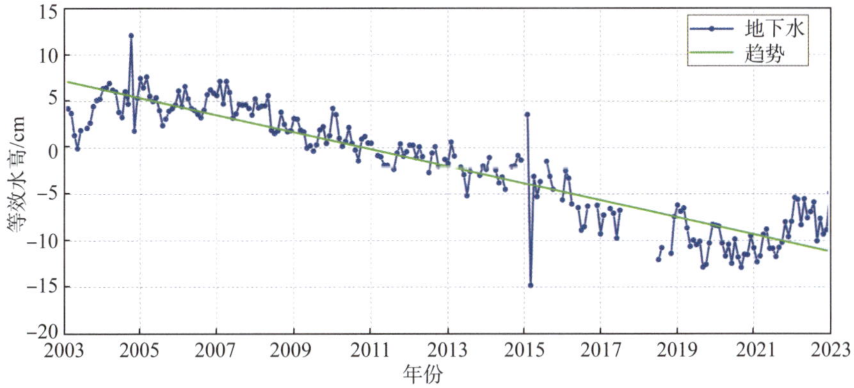

图 4.15　中东部地下水储量变化序列

（2）东南部明显上升区

从行政区上讲是以湖北与江西交界处为中心，从地学单元上讲是以长江中下游平原中部为中心的地下水储量明显上升区。该区域包括江苏、安徽南部，湖北、湖南、江西、云南、贵州、四川、重庆、福建、广东、广西、海南、浙江、上海、台湾等行政区域，大致位于秦岭与淮河以南，横断山脉以东，面积超过 $200 \times 10^4 km^2$ 的中国东南部区域（图 4.16）。

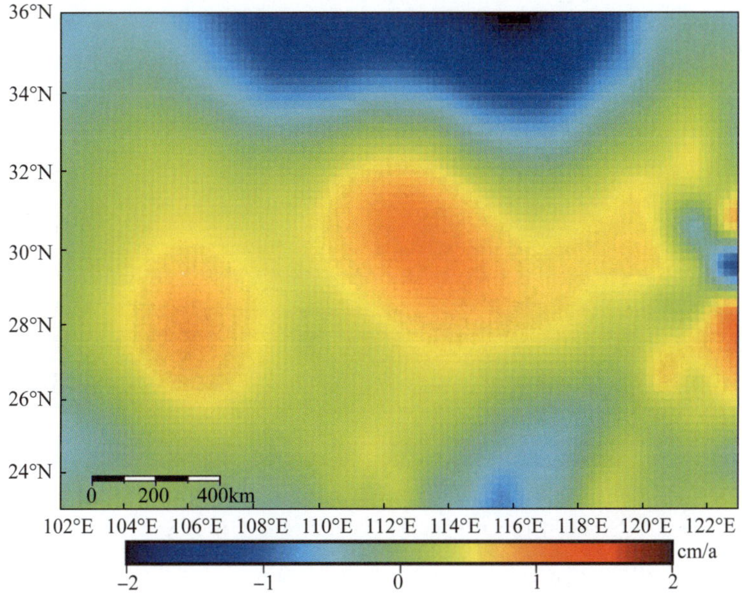

图 4.16　东南部地区地下水储量变化分布

东南部地区属亚热带季风气候，是我国重要的粮油生产基地和工业基地，也是我国水资源最丰富的地区，年降水量达到 1000 ~ 1500mm。该地区地下水整体变化呈明显上升趋势，变化速率达到 0.41cm/a，特别是 2010 年后上升速率加大；上升幅值最大在 7 月，上升较大的区域位于鄱阳湖附近，这和鄱阳湖在调节长江水位、涵养水源和维护周围地区生态平衡等方面的作用是分不开的（图 4.17）。

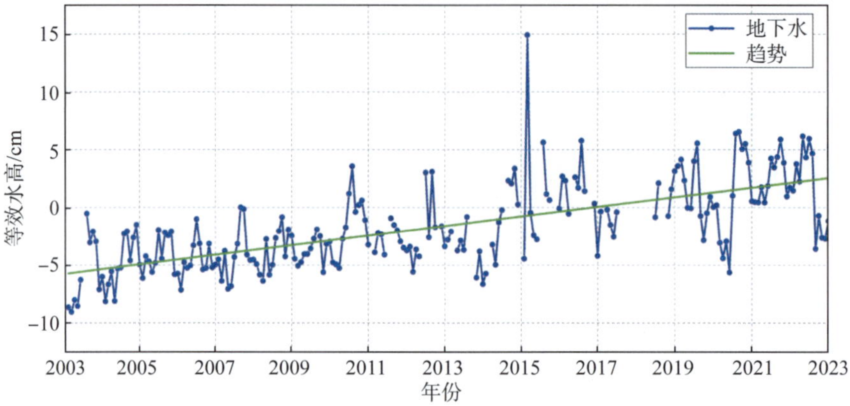

图 4.17　东南部地区地下水储量变化序列

（3）中西部显著上升区

从行政区域上讲是以新疆南部与西藏北部交界线东端为中心，从地学单元上讲是以昆仑山东南末端与巴颜喀拉山西北末端交界处为中心的地下水储量显著上升区。该区域包括西藏西北部、新疆南部、青海中西部等行政区域，大致位于昆仑山与巴颜喀拉山南北两侧，南至念青唐古拉山，北至塔克拉玛干沙漠，面积约 $200 \times 10^4 km^2$ 的中国中西部区域（图 4.18）。

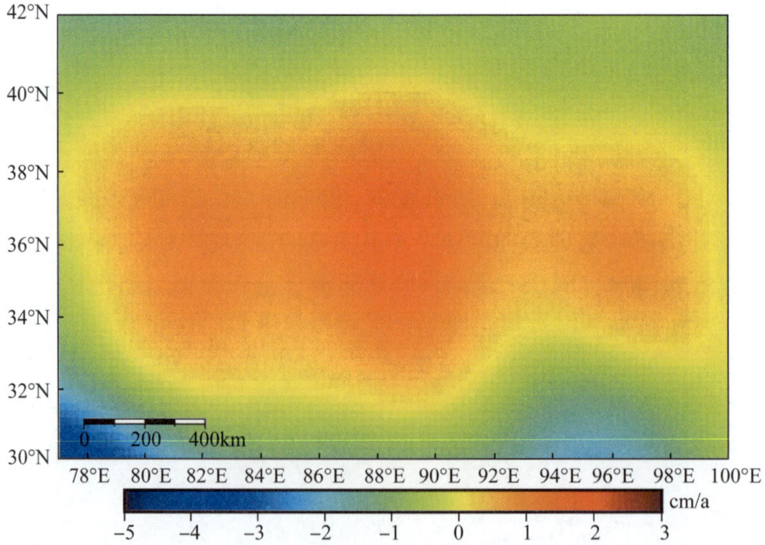

图 4.18　中西部地区地下水储量变化分布

中西部地下水变化明显地区位于新疆、西藏、青海 3 省交会处，为高原山地气候，现代冰川、高原湖泊和高原沙漠均有分布，平均年降水量在 200mm 以下。该地区地下水变化整体呈上升趋势，且季节性变化不明显，变化速率为 0.59cm/a，这或与该时期局部对流降水增加和地壳运动物质积累有关（图 4.19）。

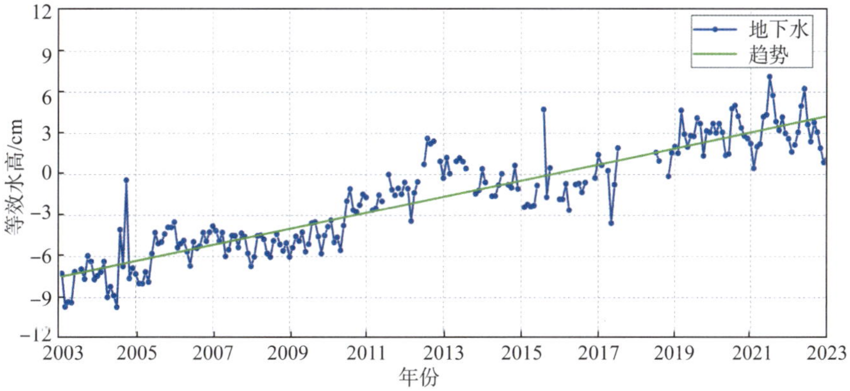

图 4.19　中西部地区地下水储量变化序列

（4）东北部略微上升区

从行政区域上讲是以黑龙江西部为中心，从地学单元上讲是以松嫩平原中西部为中心的地下水储量略微上升区。该区域包括吉林东西北部、内蒙古东北部及黑龙江等行政区域，大致位于大兴安岭以东、小兴安岭以南、长白山以西、辽河以北，面积约 $150\times10^4 km^2$ 的中国东北部区域（图 4.20）。

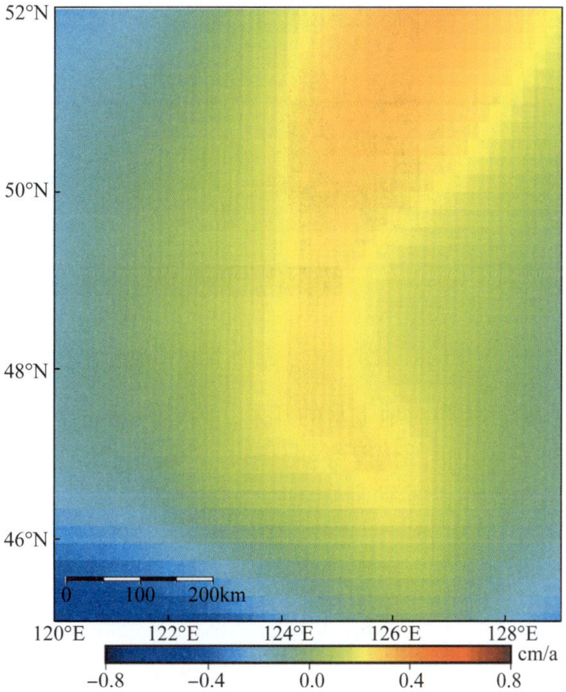

图 4.20　东北部区域地下水储量变化分布

东北部区域以松嫩平原为主，属中温带大陆性季风气候，呈半湿润半干旱特征，是我国大型商品粮生产基地和重要的能源、化工及机械制造基地。松嫩流域地下水变化呈微弱的上升趋势，变化速率为 0.18cm/a，水资源供需现状较为平衡（图 4.21）。

（5）西藏东南显著下降区

从行政区域上讲是以西藏南部和东部为主体，从地学单元上讲是以冈底斯山南侧和喜马拉雅山北侧的雅鲁藏布江流域为主体的呈现为东西向条带状的，面积约 $60\times10^4 km^2$ 的地下水储量显著下降区（图 4.22）。

藏东南地区以雅鲁藏布江流域为主，其中雅鲁藏布江是我国第五长的河流，也是藏南水利运输、农田灌溉的重要依托。藏东南地区为高原山地气候，上下游年降水量差异较大，从 300mm 以下至 3000mm 以上不等。由于西南印度季风呈现减弱导致降水呈减少趋势，减弱了该区域地下水的补给能力，更主要的因素是由于农林牧业的发展增加了对地表

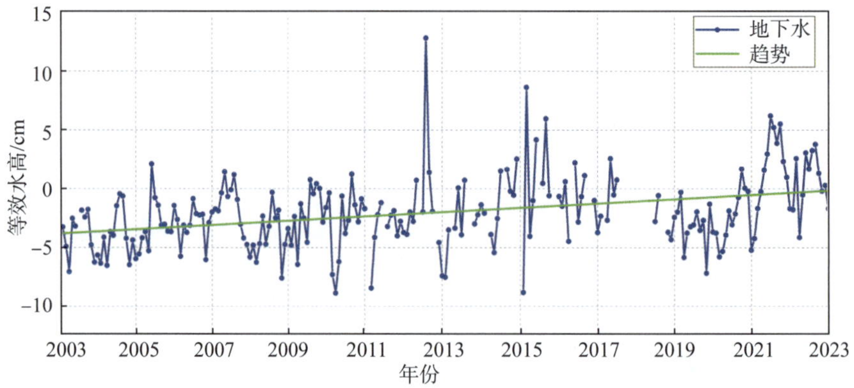

图 4.21　东北部地区地下水储量变化序列

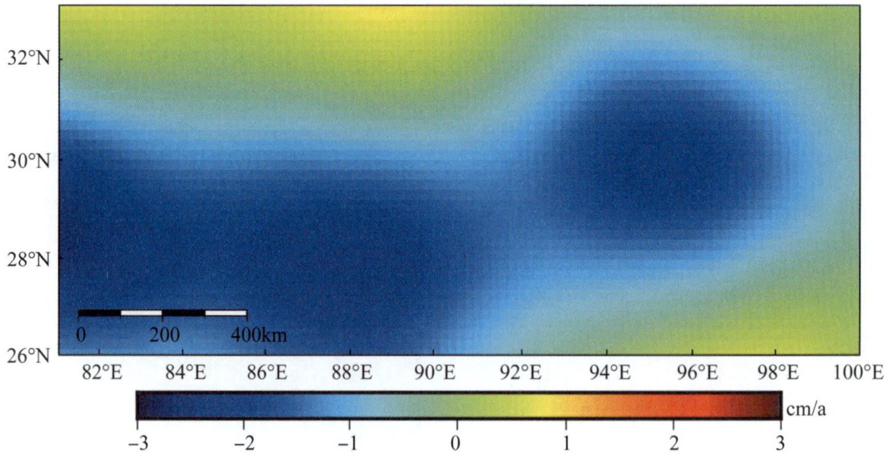

图 4.22　藏东南地区地下水储量变化分布

水的消耗和对地下水的开采，因此尽管有全球气候变化带来的高山冰川加速消融的有利于地下水补给的情况存在，该地区地下水依然呈现出显著下降趋势，变化速率为 -1.47cm/a（图 4.23）。

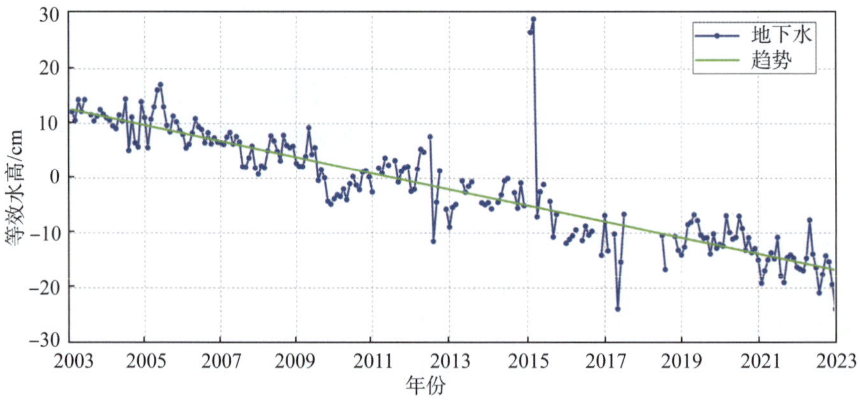

图 4.23　藏东南地区地下水储量变化序列

（6）新疆中西明显下降区

从行政区域上讲是以新疆中西部为主体，从地学单元上讲是以南至塔里木河，北至伊犁河的天山两侧为主体的东西向条带状的，面积约 $60\times10^4km^2$ 的地下水储量明显下降区（图 4.24）。

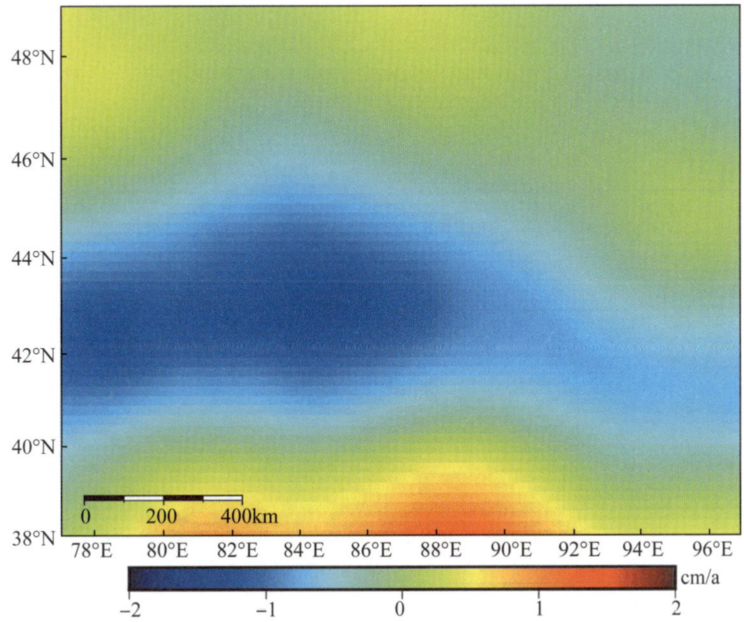

图 4.24　新疆中西部地区地下水储量变化分布

新疆中西部变化区域主要以天山山脉为主，该地区属温带大陆性气候，年降水量在 400mm 以下。天山孕育着丰富的现代冰川和永久性积雪，为天山南北提供了丰富的水资源。天山地区地下水变化整体呈下降趋势，以乌鲁木齐和伊宁地区为甚，整体变化趋势明显，变化速率为 −0.64cm/a。该地区地下水变化与季节性气温变化相关，冬季变化幅值最大，这与冰雪融水等地下水补给方式有关（图 4.25）。

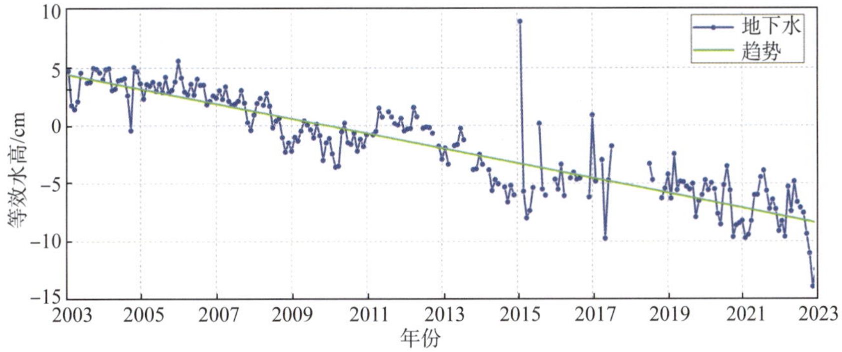

图 4.25　新疆中西部地区地下水储量变化序列

（7）新疆北部略微上升区

从行政区域上讲是以新疆北部为主体，从地学单元上讲是阿尔泰山以南额尔齐斯河流域为主体的东西向条带状的，面积约 $30\times10^4km^2$ 的地下水储量略微上升区（图 4.26）。

新疆北部地区以额尔齐斯河流域为主体，该地区属于北温带寒区大陆性气候，年均降水量在 200 ~ 500mm，且主要集中在夏、秋两季。额尔齐斯河是我国唯一一条自东向西流入北冰洋的跨界河流，其水量补给在上游主要靠融雪、融冰和降水补给。新疆北部地区地下水变化呈微弱的上升趋势，变化速率为 0.048cm/a，水资源供需现状较为平衡（图 4.27）。

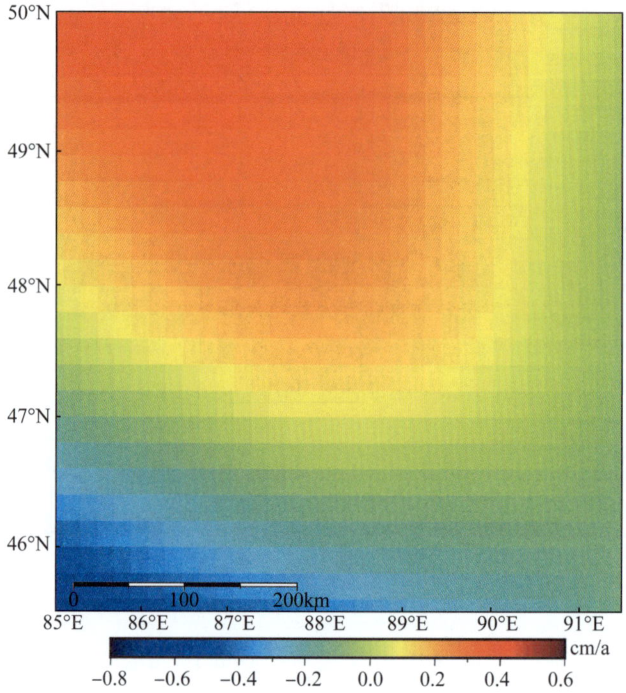

图 4.26　新疆北部地区地下水储量变化分布

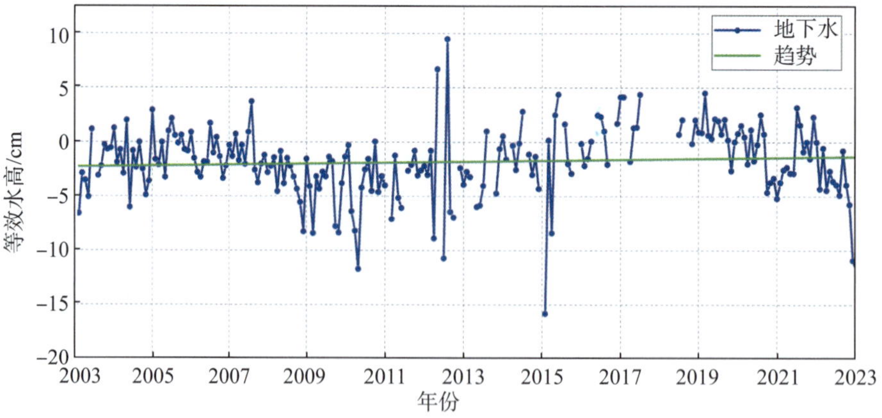

图 4.27　新疆北部地区地下水储量变化序列

以上 7 个地下水变化空间分布区构成 4 个总体上呈东西向的条带区域，从南到北依次是：

1）由西藏东南显著下降区单独构成的局部的东西向地下水储量下降条带。

2）由东南部明显上升区与中西部显著上升区联合构成的贯穿中国全境的北西西向地下水储量上升条带。

3）由中东部显著下降区与新疆中西明显下降区联合构成的贯穿中国全境的北西西向地下水储量下降条带。

4）由东北部略微上升区与新疆北部略微上升区联合构成的为蒙古所断而东西遥相呼应的南西西向地下水储量下降条带。

4.3.3.2 中国地下水储量具体变化因素分析

地下水作为一种自然资源，其储量变化是补给与开采两个方面因素综合影响的结果，补给条件稳定，开采决定变化，开采力度不变，补给决定变化。地下水的补给与开采的变化趋势由主要因素起决定作用，主要因素不变，次要因素主导变化趋势。

地下水的补给主要是来自降水和冰雪消融形成的地表水。降水和冰雪消融主要受气候影响，气候主要受光照、风带、洋流、海流、大气成分等因素影响。光照主要受纬度影响，风带、洋流、海流主要受地球自转、地形和海底地形影响，大气成分主要受云雾及二氧化碳等温室气体影响。降水丰富、冰雪消融多，则地表水丰富，地下水补给充足，反之亦然。

补给的速度、质量和效果还与地下水的存储空间介质及其物理结构和化学成分密切相关。黄土水埋藏较深，渗透补给较慢，但过滤净化效果最好，是最典型也是应用价值最高的狭义上的地下水资源；空隙水埋藏一般较浅，渗透补给较快，但过滤净化效果较差，更容易被污染；岩溶水存储在溶洞中，通过岩石裂隙补给，补给通道离散，一般补给较慢，且水质偏硬，应用价值较低；基岩水一般埋藏较深，尤其是层间水，形成历史古老，补给距离长远，开发后难以通过降水补给再生。

地下水的开采主要源于农业（含林草）用水、工业用水及生活用水 3 个方面。其中，农业用水大部分是以蒸发蒸腾的方式消耗到大气中，用量最大，且应用最彻底，对地下水的消耗最大，虽然有着重要作用，但经济效益最低。工业用水和生活用水开采量相对较小，且用后废水在一定程度上可以各种方式对地下水进行补给，属于地下水消耗主要成分中的相对次要因素，对地下水消耗较少，但经济效益与社会效益极其显著。

基于以上基本理论分析，本节结合中国地下水储量变化总体情况对具体变化因素做如下初步探讨。

1）2003—2022 年中国地区地下水的变化总体上呈现逐年下降的趋势，地下水变化存在明显的空间分布差异特征。2016 年以后，地下水储量下降趋势有所缓和。地下水变化的总体下降趋势与我国人均水资源占有量较低密切相关。随着我国国民经济的飞速发展，日益增长的工农业用水、规模巨大的人口生活用水凸显了水资源绝对占有量的不足问题。2016 年以来的地下水下降趋势得到明显缓解，与我国生态文明建设国家战略的实施是密切相关的，我国在此期间开展的蓄水工程建设以及引地表水灌溉以及跨区域调水工程等也会进一步增加地下水的补给。此外，全球变暖对中国气候产生全面影响，造成冰川消融，从而导致在降水总体不变的情况下增强了对地下水补给，并也会在一定程度上造成地下水储量总体上升。个别年份的地下水储量变化异常可能与厄尔尼诺和拉尼那现象（大洋环流异常变化）引起的极端气候事件相关，例如 2010 年的地下水异常低值，与中国东部和西南多个省份的持续干旱有关，2016 年的地下水上升趋势与降水增加和南方洪涝密切相关。

2）中东部显著下降区地下水储量呈现显著减少企稳趋势。该区域南部的华北平原为我国粮食主产区，近 20 年来耕地面积基本保持稳定，但粮食产量逐年增加，对耕地的灌溉程度也是逐年升高的，尤其是河北、山东等地蔬菜瓜果等对水资源需求更大的农产品的大量种植进一步增加了对地下水资源的消耗。该区域北部辽河流域及其周边附近区域，农业生产区与植草育林并重，农业灌溉用水逐年增加，荒山沙漠 / 沙地林草绿化程度逐年提高，逐步加大了对地下水资源的消耗，或者是因对地表水资源消耗的逐步增加而导致地下水补给效果的逐步减弱。同时本区域也为我国钢铁、煤炭的工业产品的主产区，工业生产量的逐年增加也会进一步加剧对地下水的消耗。该区域总体上属于半干旱地区，蒸发量与降水量基本一致，但由于降水期集中，土层渗透系数小，渗透补给速度慢，部分降水以地表径流方式流失入海，水汽平衡靠抽取地下水维持。在气候稳定、降水稳定、地下水补给不变的情况下，该地区地下水的过度开采势必造成地下水储量的显著下降。2016 年以来，南水北调工程的影响逐渐显现，该地区的地下水储量明显企稳，出现回升现象。

3）东南部明显上升区地下水储量呈现明显增加趋势。该区域气候温暖湿润，降水期相对分散，降水量远大于蒸发量，水汽平衡由地表径流大量入海维持。该区域工农业生产并重，土层薄，含水层空隙发育，渗透系数大，地下水补给速度快，农业灌溉用水与工业城镇化发展用水主要源于地表径流，工农业发展的结果主要是减少了地表径流的入海量，灌溉的加强与工业城镇化只会进一步增加地下水的补给渠道，并因此增加地下水的储量。同时本区域水库、人工湖、鱼塘水田等水利、城镇水景设施、水产养殖的增加也一定程度上加大了对地下水的补给。此外，本区域多为盆地、平原，地势偏低，由于气候变暖，青藏高原逐年增加的冰雪融水亦有可能跨过横断山脉，通过“水塔”原理为该区域基岩水 / 层间水（如泸沽湖地下径流水源）形式的地下水进行远程补给。在气候稳定、降水稳定、城镇工业化持续发展并造成地表水严重污染的情况下，该地区地下水的增量补给势必造成地下水水质的逐步下降和地下水储量的明显上升。

4）中西部显著上升区地下水储量呈现显著增加趋势。该区域人口稀少，农牧业几乎为零，地下水人工开采几乎为零，地下水补给主要源于昆仑山与巴颜喀拉山冰川与积雪融水，由于念青唐古拉山脉与塔克拉玛干沙漠在该区域南北两侧的隔断，融水形成的地表径流主要表现为内陆河湖，冰雪融水量大于蒸发量，水汽平衡难以通过内陆河湖以地表径流方式流出。在地下水消耗不变的情况下，由于气候变暖，冰川融化造成地下水超量补给，而该区域人口稀少，农牧业灌溉需求开采程度低，补给增加而开采不变势必导致该地区地下水储量的显著增加。

5）东北部略微上升区地下水储量呈现略微上升趋势。该区域降水量略大于蒸发量，水汽平衡主要通过地表径流入海调节实现。该区域工农业并重，农业经济持续增长，水稻等需强灌溉作物种植面积逐年增加，灌溉用水主要源于地表降水，灌溉面积与强度逐年增加，工业增长趋势较缓，人口数量递减。在降水稳定情况下，农业灌溉的增加一定程度上加大了地下水的补给，并因此造成该地区地下水储量呈略微上升趋势。

6）西藏东南显著下降区地下水储量呈显著减少趋势。该地区蒸发量大于降水量，地下水补给包括自然降水和冰雪融水的双重补给。相对于昆仑山南侧的藏西北地区，该区域高寒干燥的程度较低，自然条件更适宜人类居住和农牧林草业生产活动的开展。尤其是近 20 年来，随着光电、水电等能源开发力度的逐步增加，农牧业灌溉程度逐步加强，农牧业生产及人类生活对地下水的开采量逐步增加。此外，该地区地下水的地质存储发育条件较差，相对于地表水资源的丰富程度，地下水储量较小。地表水可以通过地表径流畅通注入印度洋，地下水亦可以深层地下径流的方式流出到更低海拔区域，因此尽管有气候变暖冰雪融水增加的有利因素存在，但在地表水地下水排出渠道畅通不变而自然降水略有减少（根据该区域自然降水记录）的情况下，农牧林草业生产（可通过光学卫星观测历史记录的林草覆盖情况进一步提供证据）及人类生活对地下水开采的增加应该是该区域地下水呈现显著下降趋势的主要原因。

7）新疆中西部明显下降区地下水呈现明显下降趋势。该区域地下水补给主要来自天山冰雪融水与天然降水，源自天山的冰雪融水和天然降水在天山南北两侧分别发育为塔里木河和伊犁河，并形成适宜于人类居住的区域。近 20 年来，农牧业灌溉程度逐步加大，对地下水的开采量超出因气候变暖冰雪融化而增加的地下水补给量，并因此导致该区域的地下水储量呈现明显下降趋势。

8）新疆北部略微上升区地县水呈现略微上升趋势。该区域大然降水与冰雪融水均比较丰富，蒸发量远小于降水与冰雪融水量，水汽平衡主要通过额尔齐斯河注入北冰洋实现。近 20 年来，由于全球变暖导致冰雪融水增加，以及农牧业地表水灌溉程度提升，造成地下水补给力度和渠道的增加，在开采不变的情况下，补给的逐步增加导致该区域地下水呈略微上升趋势。

中国地下水变化空间分布表现为四个总体上呈近东西向的变化条带。其主要原因应包括以下 4 个方面。

一是纬度不同导致的光照对气温的影响具有东西条带性。

二是中国西高东低的地势不同导致的作为地下水主要补给源的地表径流具有东西条带性。

三是中国西高东低的地质构造导致的作为地下水重要运行方式的深层地下径流具有东西条带性。

四是东西向的山脉走向对气温和降水等气候要素的影响具有东西条带性。

将影响地下水的因素按照人为因素和自然因素进行分类，不难理解，地下水的储量的发育和维持主要源于自然因素，地下水储量的变化则主要受人类活动影响。中国地下水变化虽主要是受人类活动的影响，但变化的近东西向分布依然摆脱不了自然因素的轮廓。

4.3.4 监测结论与建议

水是人类赖以生存的基本条件，是国家经济发展的重要战略资源。我国水资源短缺，时空分布不均，对经济社会发展造成严重制约。地下水是水资源的主要组成部分，是宝贵的自然资源。我国地下水资源总量丰富，但人均不足，分布不均；对地下水的管理高度重视，但技术手段不足，管理方式粗放；地下水的使用存在开采过度、浪费普遍的现象，并造成越来越严重的后果。

地下水的保护开发与科学利用关乎国计民生，作为生态文明建设的重要内容，是自然资源部门独具专业优势的业务职能和必须勇于担负的政治责任。持续开展地下水资源的变化监测，精准掌握地下水补给的自然规律，科学分析地下水开发的人为影响，综合评价地下水利用的整体效益，这既是地下水资源管理的重点工作内容，也是国土空间规划的重要科学依据。

地下水监测的传统方法是水文监测，存在耗时、费力的不足，不能有效反映地下水分布的空间异质性，难以实现地下水的大范围持续监测。卫星重力开展地下水监测，尤其是在大尺度宏观监测方面具有独特优势。本节利用卫星重力观测手段，对我国地下水资源进行了百千米空间分辨率和月时间分辨率的变化监测，并对监测结果进行多学科综合分析，形成以下结论和建议。

4.3.4.1 卫星重力的技术发展与业务应用

卫星重力用于地下水监测具有独特的技术优势，与光学卫星、雷达、激光等自然资源卫星的综合应用将进一步提升重力卫星的应用技术水平，并拓展自然资源卫星的应用范围。

目前，我国已经发展了光学、雷达、激光等自然资源部作为主用户的系列遥感卫星，但自然资源部作为主用户的梯度模式重力卫星作为《国家民用空间基础设施中长期发展规划（2015—2025年）》的重要内容，工程尚未立项。近期自然资源部国土卫星遥感应用中心组织完成了梯度模式重力卫星技术发展情况的调研，卫星载荷制造、卫星平台推进、温度姿态控制等关键技术相继实现成功突破，国家航天主管部门正与卫星研制机构积极沟通讨论卫星立项研制可行性。

今后，国家规划任务急待限时完成，国家航天主管部门迫切期盼通过梯度模式重力卫星技术引领我国下一代遥感卫星技术升级，卫星用户部门切实需要国产重力卫星自主开展业务工作，卫星研制单位即将全面突破卫星制造关键技术。在此情况下，建议自然资源部积极与国家国防科技工业局沟通协调，掌握主动，适时启动卫星立项工作，确保国家规划按时完成，争取卫星应用尽快展开。

4.3.4.2 地下水监测的总体情况与应对措施

2003年以来，我国地下水变化的总体情况是储量减少趋势，2016年以后，虽然地下水储量下降趋势有所缓和，但远不能改变明显短缺的局面，再加上东南多西北少的空间分布严重不均的客观事实和地下水水质持续下降等问题，地下水资源面临的形势日益严峻，开发与保护管理任重道远。

本节根据各监测区域地下水变化情况及研判得出的影响因素，提出针对性的应对措施。基本思路是：以节水、蓄水、调水、净水、稳水、用水等手段，抓住主要问题，针对主要原因，因地制宜，依水举措，多措并举，不断推进山水林田湖草沙等各类自然资源的综合保护与合理开发，逐步实现经济与环境的协调发展，最终达到人与自然的和谐统一。既不能不加选择地盲目开展退耕还林、植树造林等所谓的保护环境行动，打着绿化荒山改造沙漠的旗号，做着南辕北辙违反自然规律的傻事；又不能不加思考地莽撞推进城镇化、工业化等所谓的经济发展计划，去做看似有为实则有害，看似有所得实为得不偿失，或为了眼前小利而不顾长久大计的蠢事。

具体建议如下：

（1）中东部地下水显著下降区主要对策建议：调水

该区域是我国地下水面临问题最严重，发展形势最严峻，造成损失最巨大的区域。该区域总体上属半湿润半干旱气候区，人口密集，工农业生产聚集，区域内的北京市为我国的政治中心，地位十分重要。地下水显著下降的主要原因为改革开放以来，经济发展情况下，农业灌溉用水、工业化用水、城市化生活用水逐年增加所致。解决目前水资源短缺，地下水减少的主要策略应为进一步增加南水北调的力度。

关于位于该区域的北京市的地下水管理，根据水文观测记录，南水北调中线工程

2014 年通水后，2016 年即实现自 1999 年以来的地下水水位首次回升，到 2020 年末，北京地下水水位已经连续 5 年实现回升，累计回升了 3.72m，而 2015 年之前的情况是连续 15 年地下水水位以每年近 1m 的速度下降，仅此来看，中线工程的作用绝不亚于唐宋盛世之京杭大运河。当然地下水水位的回升亦会带来地下建筑防水困难等诸多问题，因此建议北京市在地下水管理方面，适当安排、合理开采高质量的地下水补充饮用水水源，一方面可以提高饮用水质量，降低饮用水生产成本，也可适当控制地下水水位上升导致的问题。此外，应逐步改变原来直接回灌补给地下水的做法，避免造成地下水的水质下降，改由更多地依靠自然渗透补给地下水的方式，同时应更多开展类似门头沟区永定河湿地恢复项目的工作，不宜再做诸如早年圆明园湖底防渗之类的工作。

关于该区域南部以河北省南部为主的子区地下水管理，该子区是该区域乃至全国地下水水位下降危害最严重的区域，尽管北京市地下水水位的上升会通过地下径流的方式对其周边的河北省地下水在一定程度上进行补给，但在范围和力度上都只能是微乎其微，尤其是子区内雄安新区建设之千年大计更是需要依靠不断加大南水北调中线工程的实施力度才能提供可靠的水资源保障。其次，考虑到农业灌溉用水是该子区地下水下降的主要原因，建议应更多开展诸如精准滴灌类的精细农业项目建设，通过节水减少对地下水资源的需求。最后还应保持一定程度上的地表径流流出，避免农用土地盐碱多年积累后导致土地盐碱化。

关于该区域北部河北、内蒙古交界处及辽河流域的地下水管理，由于南水难以调达，建议主要应以节水应对地下水储量的下降造成的危害，应适当控制林草牧业对地下水的依赖，并以精细滴灌代替大水漫灌的农业生产方式，实现地下水资源的节约使用和合理开发。

关于该区域西部的山西、陕西及内蒙古中南部子区的地下水管理，该子区属于旱半干旱气候区，只有通过跨区域调水才有可能改变缺水的基本情况，目前在南水北调西线工程尚未开通的情况下，只有通过精准滴灌溉的节水方式或对农林牧草业的合理控制才能摆脱对地下水资源的过度依赖。

（2）东南部明显上升区主要对策建议：净水

该区域人口密集，工农业经济发达，城镇化发展迅猛，是国家经济发展的核心区，区域气候湿润，地表水资源丰富，地下水补给充分，地下水资源面临的主要问题是由于农药的大量使用、工业废水的大量排放以及生活垃圾及污水对地表水的污染进而导致对地下水的污染，因此该区域地下水管理工作主要应采用大气污染治理、农药使用管控、污水处理、垃圾处理等一体化综合整治的净水策略。

（3）中西部显著上升区主要策略建议：用水

该区域气候寒冷干燥，空气稀薄、人口稀少，经济不发达，由于降水和冰雪融水增加地表径流难以流出区域外，地下水补给过度致使地下水显著上升，建议可适当增加对地下水的用水开采，做好地下水资源的开发利用以利林草培育，改善生态环境，发展畜牧经济。

（4）东北部和新疆北部略微上升区主要策略建议：稳水

此两区域是我国地下水资源平衡程度最好的区域，地下水的管理建议以保持目前地下水稳定开采利用现状的稳水策略，持续保持地下水开采与补给的平衡以及水量与水质的稳定，产业内容的重大调整须与水资源的支撑能力相匹配。

（5）西藏东南显著下降区主要对策建议：蓄水

该区域地下水显著下降，主要原因在于降水减少和灌溉开采增加，大气降水和冰雪融水大量以地表径流和地下径流方式流出境外，地下水的开采推动了经济的发展与环境的改善，但造成危害并不明显，建议逐步加大蓄水工程建设力度，为农牧林草业发展、水力发电及环境绿化改善提供更加充沛的资源。

（6）新疆中西明显下降区主要对策建议：节水

该区域地下水明显下降的原因在于农牧林草业灌溉用水的增加，无源可开，唯有节流，各种形式的节水应该是地下水管理的唯一良策。

第 5 章　卫星静态重力场海洋地质与地球物理应用

5.1　卫星重力海洋地质与地球物理应用基础

5.1.1　大洋地壳基本结构特征

除了被水覆盖以外，海洋与大陆在地质构造成分与地球物理现象上是基本一致的。但是大洋地壳薄，最上面为海洋沉积物层，平均厚度约为 300m，洋中脊处最薄，几乎为零，靠近大陆逐渐变厚，可达千米，在固液气态介质中均可传播的 P 波速度 v_P 为 2km/s，密度为 1.93 ~ 2.3 g/cm^3。海洋沉积物之下为镁铁质火成岩，以玄武岩和辉长岩为主，厚度约为 1.7 ± 0.8km，v_P 为 4 ~ 6km/s，密度为 2.55 g/cm^3。洋壳的最下层，主要是地幔顶部水化作用形成的蛇纹石，其厚度为 4.8 ± 1.4km，v_P 为 6.7km/s，密度为 2.95g/cm^3。洋壳的厚度、年龄随距洋中脊的距离加大而变厚、变老，但洋壳的年龄远远低于陆壳，多晚于中生代。

洋壳之下为地幔，地壳与地幔的分界面为莫霍面，莫霍面的深度是通过地震波观测确定的，莫霍面处地震波波速发生明显的变化，由原来的 6 ~ 7km/s 突变到 8km/s，说明地壳与地幔的物质成分发生重大变化。莫霍面不连续但具有全球性，其深度在大洋地区为 7 ~ 8km。地幔分为上地幔和下地幔，也是通过地震波观测确定的。上地幔存在低速带，接近地幔的顶部，深度在大洋地区为 60km 左右。低速带内地震波速度不仅未随深度而增加，反而比上层减小 5% ~ 10% 左右。低速带的上下界面不明显，波速的变化是渐变的。低速带深度在横向上起伏不平，厚度在不同地区也有较大变化。横波低速带具有全球性普遍发育特征，纵波低速带在某些地区可以缺失或处于较深部位。低速带在地球中所构成的圈层称为软流圈，它位于上地幔低速层之下至过渡层上部。软流圈之上的地球部分称为岩石圈。岩石圈包括地壳和上地幔的上部。岩石圈厚度变化不一，大洋部分在洋中脊的最新部分只有 6 ~ 8km，在最老洋壳部分可达 100km。

软流圈温度较高，刚性较弱，可长期缓慢变形，相对低温的、刚性的岩石圈可作为一个整体漂流在软流圈之上。物理实验表明，波速降低可能是由于软流圈物质发生部分熔融，使其强度降低而引起的。据地内温度估算，软流圈的温度可达 700 ~ 1300℃，已接近超基性岩在该压力下的熔点温度，因此一些易熔组分或熔点偏低的组分便可开始发生熔融。据计算，软流圈的熔融物质可能仅占 1% ~ 10%，熔融物质散布于固态物质之间，因而大大降低了强度，使软流圈具较强的塑性或流动性。由于软流圈物质已接近熔融的临界状态，因此地壳均衡作用可以通过软流圈处的地幔对流来实现。软流圈地壳均衡是地壳各部分之间建立一种平衡状态的普遍趋势。地壳对中立作用的适应总是与密度更大的塑性地幔有相当大的关联。地壳单位体积内物质质量越大，沉陷在地幔里的部分也就越深，高原和高山的地壳就要比平原和盆地更深地陷入地幔。

地壳与上地幔研究手段主要为实验岩石学研究以及基于地震和重力等地球物理信号的岩石刚性与弹性反演。地壳岩石在海洋与大陆上存在较大的差别，陆壳表现为从地表到前震旦系结晶基底顶面厚度可达十几千米的沉积岩，密度 2.0 ~ 2.7g/cm^3，结晶基底以下为数十千米厚密度约为 2.8 ~ 3.0g/cm^3 的花岗岩类与玄武岩类，花岗岩与玄武岩分界面称为康腊间断面，该界面上存在 0.2g/cm^3 的密度差，在大陆区域该界面不连续，在大洋区域随花岗岩类的消失而消失。玄武岩下即莫霍面以下为橄榄岩类，密度在 3.3 ~ 3.5g/cm^3 之间。洋壳与陆壳存在较大差别，洋壳没有发育花岗岩，主要为玄武岩类，洋壳之下与地壳一样都是橄榄岩类。上地幔的组成可以从岩浆岩推知。源于地幔的基性、超基性岩以及金伯利岩等都具有共同的高铁、镁特征，与地震波传播速度也一致，考虑地球化学研究成果，可以基本确定上地幔的组成成分为近于以二辉橄榄岩为主的超基性岩。这类超基性岩部分熔融可产生玄武岩浆，剩余的为难熔的阿尔卑斯型橄榄岩。进一步的研究认为上地幔的化学成分相当于由 3 份阿尔卑斯型橄榄岩（橄榄石 79%、斜方辉石 20% 和尖晶石 1%）和一份夏威夷型拉斑玄武岩组成。上地幔的理想成分为：SiO_2 45.16%、TiO_2 0.71%、Al_2O_3 3.54%、Fe_2O_3 0.46%、FeO 8.04%、MnO 0.14%、MgO 37.47%、CaO 3.08、Na_2O 0.51%、K_2O 0.13%、P_2O_5 0.06%、Cr_2O_3 0.43%、NiO_2 0.20%。美国地球深部合作研究委员会根据高温高压实验资料提出了地幔的矿物组成模型，在地幔过渡带，主要组分为 β 相橄榄石以及镁铁榴石 + 钙钛矿，在接近下地幔的区域橄榄石转变为 γ 相，在下地幔则为方镁铁矿和钙钛矿结构型混合物。

上地幔的平均密度为 3.5g/cm^3，这一密度值与石陨石相当，暗示其可能具有与石陨石类似的物质成分。从火山喷发和构造运动从上地幔上部带出来的深部物质来看，也均为超基性岩。近年来通过高温高压试验来模拟地幔岩石的性质时发现，用橄榄石 55%、辉石 35%、石榴子石 10% 的混合物作为样品（矿物成分相当于超基性岩），在相当于上地幔的温压条件下测定其波速与密度，得到与上地幔基本一致的结果。根据以上理由推测，上地幔由相当于超基性岩的物质组成，其主要的矿物成分可能为橄榄石，有一部分为辉石与石榴子石，这种推测的地幔物质被称为地幔岩。

上地幔之下为下地幔，厚度为 670 ~ 2900km。目前认为下地幔的成分比较均一。但因处于极端高温和高压环境，地幔岩石呈现为塑性状态。下地幔的平均密度为 5.1g/cm^3，由于这里经受着强大的地内压力作用，使得存在于上地幔的橄榄石等矿物分解成为 FeO、MgO、SiO_2 和 Al_2O_3 等简单的氧化物。与上地幔相比，其物质化学成分的变化可能主要表现为含铁量的相对增加（或 Fe/Mg 的比例增大）。由于压力随深度的增大，物质密度和波速逐渐增加。下地幔与地核的分界面为古登堡不连续面，简称古登堡面。古登堡面处存在地震波速的间断面，此处地震波传播速度发生了明显的变化，纵波由 13.6 km/s 突然降低为 7.98km/s，横波速度由 7.23km/s 向下突然消失，并且在该不连续面上地震波出现极明显的反射、折射现象。古登堡面以上到莫霍面之间的地球部分称为地幔，古登堡面以下到地心之间的地球部分称为地核。古登堡面标志着地球由外部固态圈层完全转变为液态圈层，同时意味着地球上大洋与大陆的差别在此终结（表 5.1）。

表 5.1　地球内部圈层结构及各圈层的主要地球物理参数

内部圈层		深度/km	地震波速度 /（$km \cdot s^{-1}$）纵波 v_p	地震波速度 /（$km \cdot s^{-1}$）横波 v_S	密度 ρ / $g \cdot cm^{-3}$	压力 P / MPa	重力 g / $10m^{-2} \cdot s^{-2}$	温度 t / ℃	附注
地壳		0	5.6	3.4	2.6	0	981	14	岩石圈（固态）
			7.0	4.2	2.9	1200	983	400 ~ 1000	
莫霍面									
地幔	上地幔	33	8.10	4.4	3.32	1900	984	1100	软流圈（部分熔融）
		60	8.2	4.6	3.34	3300	984	1200	
		100	7.93	4.36	3.42	6800	989		
		250	8.2	4.5	3.6	7300	994	1500	
		400	8.55	4.57	3.64	18500	995	1900	（固态）
		650	10.08	5.42	4.64	98100	1008		
	下地幔	2550	12.80	6.92	5.13	135200	1069	3700	
			13.54	7.23	5.56				
古登堡面		2885							
地核	外核		7.98	0	9.98				液态地核
		3170	8.22	0					
	过渡层	4170	9.53	0	11.42	252000	760		
			10.33	0				4300	固—液态过渡带
		5155			12.25	328100	427		
	内核		10.89	3.46					
		6371	11.17	3.50	12.51	361700	0	4500	固态地核

5.1.2　地球物理研究方法与地球物理场

限于科学技术水平，人类可以直接观察到的地下深度十分有限。目前世界上最深的矿井仅 4 ~ 5km，最深的钻井不过 12.5km，即使是火山喷溢出来的岩浆，最深也只能带出地下 200km 左右的物质。目前对地球内部的了解，只能基于对地球物理信号的探测与解释，其中主要是借助于地震波研究的成果。地震波主要包括纵波（P 波）、横波（S 波）和面波，其中对地球内部构造研究有意义的是纵波和横波。质点的振动方向与地震波传播方向一致的波称纵波；质点的振动方向与地震波传播方向垂直的波称横波。地震波从地震的震源激发并向周边传播，到达地表的各个地震台站由地震仪记录。根据这些记录，可以推断地震波的传播路径、速度变化以及介质的特点，通过对多台站的记录进行综合分析，便可对地球内部构造进行反演。

地震波传播速度的大小与介质的密度和弹性性质有关，其关系可用公式表示为：

$$v_p = \left[\frac{K+\frac{4}{3}\mu}{\rho}\right] \quad v_s = \left(\frac{\mu}{\rho}\right)^{1/2} \tag{5.1}$$

式中：v_p、v_s 分别为纵波和横波速度；ρ 为介质密度；K 为介质的体变模量（即物体在围限压力下能缩小的程度，K 值愈大物体越难缩小）；μ 为切变模量，即物体在定向力作用下形状能改变的程度，μ 值越大物体越难变形。体变模量和切变模量可统称为弹性模量。

所以，地震波速的变化就意味着介质的密度和弹性性质发生了变化。纵波的传播速度大于横波，在同一介质中纵波速度约为横波速度的 1.73 倍。在液体中，由于切变模量 μ=0，所以横波不能通过。

地震波的传播如同光波的传播一样，当遇到不同波速介质的突变界面时，地震波射线就会发生反射和折射，这种界面称为波速不连续面。假如地球物质完全是均一的，那么由震源发出的地震波都将以直线和不变的速度前进。但实际分析的结果表明，地震波总是沿着弯曲的路径传播并且不同深度的波速不一致，这表明地球内部的物质是不均一的。传播路线的连续缓慢弯曲表示物质密度和弹性性质是逐渐变化的，传播速度的跳跃及传播路线的折射与反射表示物质密度和弹性性质发生了显著变化。

除地震波观测外，还可以通过对地热场、地磁场及重力场信号的观测来反演地球内部的地球物理构造与作用。

地热场及其在地球内部空间的差异是客观的明显存在，构造运动、地震，地壳的隆升与下降等都与地热场的分布与变化密切相关。地热源于地球内部放射性元素衰变，主要通过传导和对流扩散的方式向外传递，地幔对流、岩浆喷发等地质作用都是地热运动的重要方式。地热分布与板块构造位置密切相关，洋中脊处地热值为 1.90 ± 1.48HFU，海盆为 1.27 ± 0.53HFU，海沟为 1.16 ± 0.70HFU。其基本规律为地质结构从老到新，地热流值从低到高。

由于受地球内部热源的影响，温度开始随深度逐渐增高。海底的地温梯度明显高于大陆，为 4 ~ 8℃，大陆为 0.9 ~ 5℃。对于地球深部的温度分布，目前主要是根据地震波的传播速度与介质熔点温度的关系式推导得出的。根据目前最新的推算资料，在莫霍面处的温度为 400 ~ 1000℃，在岩石圈底部的温度大约为 1100℃，在上、下地幔界面附近（约 650km 深处）的温度大约为 1900℃，在古登堡面（核幔界面）附近的温度大约为 3700℃，地心处的温度为 4300 ~ 4500℃。地热从地球内部向外传播时，单位时间内通过地表单位面积的热量称为地热流密度。地表热流值或地温梯度明显高于平均值或背景值的地区称为地热异常区。地热异常与地质构造异常密切相关，是研究地球深部地质构造特征的重要手段。

地磁场测量也是研究地球构造运动的重要手段。地壳及上地幔中磁性矿物的不均匀分布造成磁场的地区差异，从而导致磁异常，对磁异常的测量可以反演地壳与上地幔的构造特征。此外，由于在洋中脊区熔岩凝固之前，所含的磁性矿物在地球磁场的作用下，呈现定向排列，并在结晶之后以既定的形态和分布保留下来，这些信息记录了地球磁场的演化历史。根据古地磁资料，可以建立古地磁倒转时间表，据此可以计算板块扩张和沉积物堆积的速率。

另外，根据古地磁的方向和大小可以判断古地磁磁极的位置。当把同一地区不同地层的古地磁资料加以对比时，会发现磁极的地理位置随时间的推移是逐渐移动的，可以勾画出磁极迁移曲线。如果假定古磁极只在方向上倒转，而地理位置不发生显著变化的话，根据磁极迁移曲线就可以研究板块的运动轨迹，进而可重建板块运动历史。

近年来，随着卫星大地测量技术的发展，通过地球重力场的精细结构来探测地球内部地球物理构造与运动过程变得更为容易和可能。地球的重力场是重力位的梯度，可以通过重力测量、天文大地测量和卫星重力观测得到。由于重力均衡作用，重力场可以反映地幔以及地壳、地幔边界的起伏状况。

重力的产生与地球内部的物质质量相关，根据万有引力公式，地球质量可算出，为 5.974 × 1021t，据此亦不难得出地球的平均密度为 5.516g/cm^3。但难以得到的是地球内部的质量分布，这取决于地球内部物质的密度分布。地球内部物质的状态可以通过地震波研究，但只有重力才是其密度与质量的直接反应。地表岩石的平均密度只有 2.7 ~ 2.8g/cm^3，考虑地球的平均密度，可以推断地球内部必定有密度更大的物质。基于这种逻辑，可以通过谱分析方法对不同波长的重力场信号进行划分与分析，从而建立起不同波长的重力场信号与地球不同层位的物质质量的对应关系。这样，与基于地震等传统地球物理探测结果相结合，就可以对地球内部物质成分、构造及其变化进行进一步的探测与分析。这样做的可行性在于，尽管由重力观测反演物质质量分布的算法是不适定的，但是由于我们已经通过其他地球物理方法掌握了一部分要反演的物质质量变化的线索，如海底地形，地壳与岩石圈深度，地幔对流模式等，因此就可以已知资料作为约束，结合重力场不同频率的谱信息，改善对待求参数的估计。

目前，对地球内部各圈层物质密度大小与分布的计算，主要是依靠地球的平均密度、地震波传播速度、地球的转动惯量及万有引力等方面的数据与公式综合求解而得出的。计算结果表明，地球内部的密度由表层的 2.7 ~ 2.8g/cm^3 向下逐渐增加到地心处的 12.51g/cm^3，并且在一些不连续面处有明显的跳跃，其中以古登堡面（核 – 幔界面）处的跳跃幅度最大，从 5.56g/cm^3 剧增到 9.98g/cm^3；在莫霍面密度从 2.9g/cm^3 左右突然增至 3.32g/cm^3。这些线索都是重力反演的重要约束条件。

5.2 高分辨率静态卫星重力场近海地质与地球物理反演

5.2.1 近海的地质与地球物理特征

近海水深一般不超过 1000m，通常称为浅海，因其位于大洋边缘，又被称为边缘海。从海底地质与构造发育情况来看，边缘海海底往往具有大陆地壳的岩石与构造特征，因此又常常被称为大陆架。近海、浅海、边缘海与大陆架尽管是来自不同学科的定义，并有其各自不同的着重点，但从地球表面这一被海水覆盖的区域角度来说，其含义是基本一致的。

从卫星测高的角度来看，浅海由于海水较浅，海水表面对卫星测高雷达波的反射受海底表面的影响，与深海表面相比，表现出不同的回波功率强度与特征。同时由于浅海靠近大陆，海水富含有机质，海洋生物发育，亦会对海水的反射率造成影响。另外，浅海海水表面受海底地形与海岸线的形状影响较大，海浪发育，且海潮模式亦与深海明显不同，这些因素都会对海水表面的形状造成重要影响。更重要的是，卫星测高的回波还会受到岛屿与近海沿岸陆地表面反射的影响，并因此降低卫星测高的精度。

从构造地质学的角度来看，大陆架属于大陆地壳向海洋延伸的一部分，由于地形较低而被海水淹没，但是由于各种地质原因大陆架往往并未表现出大陆地壳表面常见的沉积岩与变质岩，而是常常为与大洋洋底一样的火山岩，从岩石学的观点来看应属大洋地壳的一部分。不同的大陆架具体情况不尽相同，有的与大陆地壳相近，有的则更像大洋，但是它们都或多或少地受到大陆构造与大洋构造的双重影响，并因此表现出比大洋与大陆都更为复杂的边缘海海底地球动力学特征。除此之外，边缘海大陆架地壳岩石之上往往会有一层来自大陆的松散沉积物，这增加了研究边缘海地质构造与地球动力学的难度。

地球表面在陆地表现为第四纪沉积与风化，在海洋则表现为海水面。在地球动力学研究中，地球表面有明显的陆海变迁，易于观测和研究。地球表面向下为厚达数千米至数十千米的岩石地壳，在大陆表现为厚度大，年龄老，结构复杂的陆壳，在海洋则表现为相对较薄结构简单的年轻洋壳，但是陆壳到洋壳的转换虽不像地球表层陆地到海洋的转变那么明显，但也不像下地壳以下那样变化连续不存在明显的间断。因此在陆壳洋壳发生转换的边缘海地区的地壳的归属与特征研究成为地球科学研究的焦点与前沿。地壳之下的地幔表现为塑性和流动性，大洋地幔与大陆地幔并不存在明显的过渡与差别，但是在大陆与大洋的过渡地带，由于存在洋壳陆壳的俯冲消减与转换，地幔对流、软流圈的物质运移模式表现出较强的活动性。壳幔的互动模式与机制是地球动力学最根本的问题，与地球表面构造运动的力源有关。地幔以下，在当前地质与地球动力学所涉及的理论框架下，陆海之下的地核并没有存在差异的可靠理论基础与测试证据。

大陆的地球动力学研究可以通过地质调查、深部钻探等直接取样手段进行，也可以借助于传统的重力测量、磁法勘探、电法勘探、地震测量等手段，现代卫星大地测量的发展还提供了有效的地壳运动监测手段。与大陆相比，对海洋观测、勘探及进一步的研究要困难得多。传统的海面高研究是通过沿海岸布设的验潮站的实地观测实现的，卫星测高的出现才使得在全球范围内进行海面测高成为可能。比陆地研究更为方便的是，海水表面的形状直接反映了地球重力场的特征，而重力场又反映了海底岩石圈及其构造运动的某些特征，因此基于卫星测高的海洋重力异常的恢复为海底地球物理研究提供了更为广阔的空间，尤其是与传统的海洋测量与地球物理测量手段相结合，使得诸如海洋测深、海底构造探测、地幔对流模式研究等原来做起来困难或不能做的测量与研究变得容易和可能。

在海洋测量与海底及深部探测方面，随着卫星测高重力为主要手段的海洋卫星大地测量技术的发展，目前我们面临的可能得到进一步解决的问题有海深测量与海底地形测量、海底构造探测、地壳厚度反演与地幔对流模式研究。海底地形的测量的传统方法是声纳测深，该方法利用海底岩石对声音的反射测量海洋深度，测量精度可靠，但工作量大，不可能在全球范围内进行全面探测。基于卫星大地测量技术的海洋重力测量为在全球范围内进行海底地形反演与海底构造探测提供了有效途径，其前提条件是已知地壳密度、平均海深、弹性岩石圈厚度。地壳厚度与地幔对流模式反演的传统手段为地震测量与电法测量，目前基于重力测量的地壳厚度与地幔对流模式反演方法的前提是海底地形改正与 Airy 改正。因此海深测量与海底地形测量、海底构造探测、地壳厚度反演与地幔对流模式研究等问题的解决是互为前提，相互促进的，本书将对基于卫星测高与卫星重力测量成果的海洋地球物理应用方法进行进一步讨论与研究。

5.2.2 海底地形反演与海底火山探测

高精度高分辨率的海深模型对于物理海洋学、海洋地质学及生物学的研究都是十分重要的。在深海区域沉积与侵蚀作用不甚发育，测深有助于探测板块边界的地幔对流模式。船载声纳是获得测深数据的有效方法，但工程量大，替代的办法是利用高精度高分辨率卫星测高成果反演海底地形。

在 15km 至 200km 波长的波段范围内，重力异常的变化与海底地形是高度相关的，这种情况下，可以通过密集的海面卫星测高得到的重力异常反演海底地形。通常采用的方法是联合船测深数据与卫星测高数据，形成统一的海底地形数据格网，同时船测深数据可以作为长波海底地形的约束，也有助于建立起局部海底地形变化与重力异常之间的关系。卫星测高重力异常反演的为 160km 至 2km 的中短波长海底地形信息。

利用测高重力反演海底地形，前人已经做了大量的工作，目前已经有日趋成熟的反演模型。反演模型中地壳密度、平均海深、弹性岩石圈厚度都是关键的反演参数，反演存在的主要问题和困难主要为：在短波长（波长远小于 $2\pi\times$平均海水深度）与长波长（波长远大于补偿深度）部分，由于向上延拓与均衡补偿的原因，重力场计算海底地形的函数发生奇异，这将利用重力异常恢复海深的计算局限于有限的波段范围内。由重力异常计算海深函数的短波部分主要依靠一些已知的参数如海深、地壳密度，波长越长的部分就越来越依靠岩石圈或者说是地壳的弹性厚度。流向海底深处的沉积物会覆盖以前存在的海底地形，这会影响到重力异常与海底地形的线性关系，在沉积物明显发育的海盆，恢复海底地形需要额外的参数如沉积物的厚度与密度，忽略参数或参数不足会降低海底地形恢复的精度。另外，当海底地形起伏较大，地形高度起伏超过平均海深时，地形与重力异常呈非线性关系。

在 20 ~ 200km 波长范围内，大地水准面高（重力异常）与未均衡补偿的海底地形强相关。根据卫星测高结果，可以得到一定精度的海底构造图，例如 McAdoo, Marks 等人根据 Geosat GM 数据、ERS-1 数据与 T/P 数据已经能够探测出几乎所有的宽度超过 10km，高度超过 1000m 的海底地形，如海山、构造破碎区以及中尺度的洋中脊等。卫星测高重力不仅可以探测海底火山的位置，还可以在经验假设的基础上确定其大小、形状以及年龄，这对于研究海底火山的形成与演化以及板块构造运动与岩石圈特征都是十分重要的信息，另外对于海底导航、渔区确定、海流模式确定等也是十分重要的。

海底火山在重力信号上表现为区域性的重力变化和局部性的重力异常，移去波长大于 200km 的重力场信号，剩余的重力异常与海底火山表现出较强的一致性。对于底部直径 10 ~ 50km，高 1000 ~ 3000m 的海底火山来说，其中心地区海面高异常可以达到 1 ~ 2m，表现在垂线偏差上，可达 20 ~ 200 微弧的变化幅度，其相应的重力异常则可达 20 ~ 200mGal，这当然还与火山形成的年龄、机制以及其下俯的岩石圈有关。与海底火山有关的参数通常有大地水准面（或重力异常）振幅、正异常中心到零交叉点间距等。由于受岩石圈挠曲的影响，大地水准面振幅变小，从而使得通过大地水准面振幅确定海底火山高度的不确定性增强。另外零交叉点位置的确定也会存在一定的误差。可以确定的关系是重力异常峰顶到谷底的距离相当于海底火山的直径，垂线偏差确定的直径与火山直径之间的差值为岩石圈挠曲直径。

利用卫星测高重力数据探测海底火山已有多种不同的方法与技术。Lambeck 等（1982）通过模拟海山的大地水准面信号，利用 Geos-3 和 Seasat 数据寻找海山。Lazarewicz 等（1982）利用匹配虑波法对 Seasat 数据进行系统搜索寻找海山。Gairola 等（1992）利用同样的方法对 Geosat 数据虑波寻找海山。Sandwell（1984）对根据垂线偏差得到的海面数据进行分析，在西南太平洋地区探测到 72 座未发现的海山。Baudry 等（1987）通过最小二乘拟合法，利用 Seasat 大地水准面异常寻找海山。根据目前的研究结果，利用 10km 分辨率，3 ~ 6mGal 精度的重力异常网格，就可以探测到几乎所有的高于 1000m 的海山，这些海山有近一半是新发现的。

利用卫星测高数据在全球范围内进行海山探测最早是在 1988 年由 Craig 等（1988）

进行的，他们利用 Seasat 数据探测到的海山数量多达 8556 个，但与经过比较详细的海底地形调查的海洋区域的调查结果相比，这些海山的数目不足实际海山数目的 25%，主要原因其一在于 Seasat 测高卫星轨道间隔较大，另外一个原因是，在沿轨方向，构造破碎区与海山呈现相似的重力异常信号，难于将二者区分开来。Wessel 等（1997）利用 Sandwell 与 Smith（1997）提供的卫星测高重力异常网格，计算海面重力梯度，在太平洋板块区域内探测海山，从 25000 个重力梯度海山异常点中探测出大于 1500m 的 8882 座海山。

受卫星测高空间分辨率所限，测高重力难以探测直径小于 10km，高度小于 1000m 的海山。由重力信号探测海山属于反演问题，其解不具有唯一性质，另外，海洋重力信号并不仅仅源于海山，还受下俯地壳的局部和区域性重力均衡补偿模式等因素影响，这使得探测海山的存在与否以及其大小与高度问题变得更加复杂与困难。海山的坡度与地壳弹性厚度是关键参数，海山的年龄与海山的大小、重力信号以及其下俯地壳的年龄有关，根据经验统计，可以建立起海山高度与其形成时海洋地壳年龄之间的线性关系。Wessel 与 Lyons 据此建立了由海洋地壳年龄与重力梯度估计海山年龄的经验关系公式。

5.2.3 海洋重力场的海洋地壳构造反演应用

利用重力海洋重力场反演海洋地壳构造可以发现一般海洋地质调查手段难以发现的地质构造现象，如火山链、洋重脊、海底断层、海沟等，并建立起海底地形与海底岩石构造数字模型。

根据均衡理论，可以利用重力异常反演地壳厚度与海深。地球表面重力场是由其下三维方向密度分布不同的物质质量产生的。而现在的技术难以获得地球的三维密度分布，只能简单地根据海底地形和海底地壳的岩性变化大约估算。在简化的地壳模型中，重力场反映地壳密度与海底地形的变化，同样，地壳密度与海底地形亦反映重力场的变化。均衡补偿模型是分析地壳厚度与海底地形的物理基础，尤其是在海洋区域，均衡补偿模型更适用于地球物理现象的解释，因为在海洋上地壳的弹性厚度与地壳负载的年龄有较好的相关关系。对于给定的海底地形，地壳弹性厚度决定壳幔界面的位置，并由于地壳与地幔的密度不同而影响重力信号，从而对长波重力场起决定性影响。

在利用卫星重力异常反演海底地形时，为了消除或减弱地壳厚度变化对重力场的影响，可以从测高重力场中移去重力场的长波部分，只利用重力场的短波部分反演海底地形。在反演时，除地壳均衡模型和地壳厚度模型外，船测深数据、壳幔地震观测数据都可以作为海底地形反演的约束条件。例如 Braitenberg Carla 等（2003）利用 Watts 提出的薄板挠曲模型进行地壳均衡计算反演了南中国海的海深与洋壳厚度变化。利用海面重力异常反演海底地形的关键是计算地形负载之下的地壳挠曲。反演海底地形，目前我们可以利用的数据除重力异常外，主要有船测深数据、地震调查获得的地壳厚度数据以及海底沉积层厚度数据和诸如 ETOPO5 的参考海底地形模型数据。

在计算壳幔界面深度时，在没有任何关于地壳的探测资料时，一般假定地壳的密度为常数。考虑到海底地形与壳幔界面距离较远，海底地形产生的质量对壳幔界面处重力位的贡献较小，且是短波重力场的主要影响因素，因此在计算壳幔界面深度时，我们要先从重力场中移去短波部分的影响，根据其长波部分计算壳幔界面深度。重力场短波部分的贡献主要是由海底地形引起的，因此移去短波重力场相当于对重力异常进行 Bouguer 改正，这一过程可以利用海底地形模型进行，海底地形模型可以通过海底测深数据内插得到，也可以采用现有的模型，如ETOPO5模型，也可以综合二者得到，另外也可以直接从高分辨率测高重力异常计算结果中移去海洋重力场短波部分，然后利用残余重力异常反演莫霍面深度。

根据地震方法反演得到的莫霍面深度，可以证实莫霍面深度与布格异常存在较好的相关性，如我国北纬30°地区1°×1°平均布格异常与莫霍面深度的东西剖面。由于均衡机制的复杂性，均衡补偿不仅仅与地壳厚度相关，还与上地幔的密度分布有关，另外还有各种干扰因素的影响，因此布格异常与莫霍面深度的关系并不是在每一个平面区域内都是一致相关的，不能用一个点或一小块区域的布格异常来求莫霍面深度，布格异常只是在较大的面积内与该区域的平均莫霍面深度呈线性关系。

根据均衡理论，布格异常与高程呈负相关，相关性越强，均衡补偿进行得越彻底。均衡补偿的主要特征参数为补偿深度与岩石圈强度，前者大致与自由空气异常对高程回归系数中的截距成比例，后者与偏离回归曲线的均方差成比例，如果均方差大，表示地壳在该计算区域内未达到均衡，需要在更大区域内实现均衡，这种均衡通过岩石圈内的应力来实现，更大区域内的地壳均衡需要岩石圈具有更大的弹性和强度。由于壳幔界面深度的反演是根据重力场的长波部分进行的，因此在计算壳幔界面深度时对海底地形模型的空间分辨率要求不高。反演计算时，可用地震方法测得的壳幔界面深度作为约束。

对于重力方法计算得到的壳幔界面深度结果，可以用地壳挠曲模型进行检验。根据薄板挠曲模型模拟壳幔界面深度是利用最小二乘法逼近由重力反演得到壳幔界面深度值，利用地壳负载与点负载挠曲响应曲线的卷积计算挠曲。因此首先要建立一套分别对应于不同地壳弹性厚度的挠曲响应曲线，考虑到洋壳的厚度较陆壳薄，一般来说，在准备挠曲响应曲线时，挠曲响应曲线对应的地壳弹性厚度范围在0 ~ 20km之间就可以满足实际卷积积分需要，可以根据不同计算条件要求给定挠曲响应曲线对应的弹性地壳厚度间隔，如0.5km或1km等。然后将这种方法得到的壳幔界面深度模型与重力异常反演得到壳幔界面深度模型在给定区域内进行比较，计算两模型之间的标准偏差，同时不断地调整地壳弹性厚度，利用不同的地壳挠曲模型分别生成不同的壳幔界面深度模型，直到两模型之间的标准偏差最小，此时的地壳弹性厚度就可以作为实际的地壳弹性厚度，该地壳模型可以认为是与要保留的重力场长波分量一致性最好。

壳幔界面深度模型算出后，就可以计算地壳产生的重力场，从重力场观测值中移去地壳贡献的分量得到的残余重力异常就可以用来计算海底地形。海底地形反演的关键参数为地形参考面与密度比较。此处海水面可以作为海底地形参考面，密度比较是指海水密度与海底地形物质参考密度的比较。船测深数据可以作为反演约束数据。

根据这种方法反演得到的海底地形会产生一定的误差，其主要原因可能是海底松散沉积物对重力造成的影响以及洋壳与地幔密度变化对重力造成的影响，由于没有海底沉积层厚度观测数据以及地壳地幔密度数据，且由于海底沉积覆盖的原因会影响到我们对构成洋壳玄武岩的岩石与构造特征的判断，这些影响我们都没有考虑，因此会给重力异常反演的海底地形带来误差。尤其是忽略海底沉积层会造成对地壳厚度估计偏高，但是由于洋壳玄武岩地形的起伏要比松散洋底沉积对重力信号的影响明显得多，因此重力异常反演的海底地形不明显依赖于海底沉积，这与船测深是不一样的，船测深采用的声波对海底沉积层没有穿透力，这样通过重力异常反演的海底地形就有可能探测到船测深所不能发现的玄武岩洋脊，从这点来看，重力异常反演的海底地形其应用价值超过船测深。

5.3 海洋重力异常反演地球内部质量分布

5.3.1 海洋重力异常反演地球内部质量分布的误差估计

由地表重力观测反演地球内部物质密度分布属于不适定问题的求解，一般可以通过正则化的方法来解决。20 世纪 60 年代由著名学者 Tikhonov 以第一类算子方程为基本数学框架提出了一种正则化方法，后经深入发展成为在理论上最完备最具普适性且行之有效的 Tikhonov 正则化方法。

Tikhonov 正则化方法的基本思想是以残差范数和未知参数泛函范数的线性组合函数的极小值为准则求解观测方程。乘在未知参数泛函范数前的线性组合因子称为正则化参数，它起到平衡观测误差与正则化误差对未知参数估值影响的作用，合适的正则化参数可以将两者引起的未知参数估值的综合误差最小。正则化参数偏小，起不到稳定不适定方程的作用，观测误差引起的未知参数估值误差将被放大，因此对于观测方程病态程度较轻的情况，可选用较小的正则化参数，对于适定问题的求解可采用最小二乘配置法，这类似于正则化参数为 1 时的正则化估计公式。正则化参数偏大，估值函数将会过度光滑，正则化方法本身造成的误差变大，削弱了观测方程对未知参数估值应有的贡献。

由海面重力异常反演地球内部质量分布的关键算法在于如何实现最优正则化。一般来说，正则化有两方面的作用，一方面，当我们要考虑的反演问题的解不适定时，即便是输入数据没有噪声，也必须进行正则化，否则将导致反演软件系统崩溃。输入数据没有噪声的情况下，正则化参数的选择对反演结果的影响不大，正则化参数的选择比较简单，即便最小的正则化参数也能保证反演软件的顺利运行。另一方面，正则化起到一个低通滤波的作用，它可以对反演模型中由于数据噪声造成的高频误差进行压缩。在数据含有噪声的情况下，即便反演问题的解是唯一的，正则化所起的作用及最优正则化参数的选择也都是十分重要的。正则化主要包括两方面的内容，一是正则化方法即正则化函数或矩阵的选择，二是正则化参数的选择。

海洋表面重力异常所对应的地球内部的质量分布模式是不固定的，且海洋表面重力异常的微小差别可能是地球内部明显不同的质量分布造成的，因此直接由重力异常求解地球内部质量分布是一个严重不适定问题。随着地震波观测数据的逐步积累和地震层析技术的全面发展，以及通过其他可靠的方法建立起来的地质和地球物理模型以及数学模型精度的提高，这一问题的不适定程度在逐步降低，引入地震观测值与各种约束模型采用合适的正则化方法完全可以获得相对可靠的反演结果。海面重力异常联合地震观测数据及各种方法建立起来的地质和地球物理模型反演地球内部重力异常分布的起算数据以重力异常为主，为了简化研究内容，本节以下将重力异常与其他各种地质地球物理约束统称为重力异常。

由重力异常反演地球内部质量分布将直接导致第一类算子方程的求解，因此我们可以通过正则滤波器来构造正则算子，对重地球内部质量分布进行更精致的估计。尽管在实际计算中，求出第一类积分算子的奇异系统的计算量相当大，有时甚至是不可能的，但是，在广义算子逆和谱分析理论框架下，对该反问题的正则化进行分析，可以为构造新的地球内部质量分布反演算法和对其解进行误差分析提供理论支持。

利用重力异常反演地球内部质量分布，重力异常与地球内部质量分布呈线性关系，即：

$$g = Ax \tag{5.2}$$

式中：g 为重力异常矢量；A 为设计矩阵；x 为地球内部质量分布异常矢量。

设：

$$x^{\alpha} = (A^{*}A + \alpha I)^{-1} A^{*} g \tag{5.3}$$

$$x_{\delta}^{\alpha} = (A^{*}A + \alpha I)^{-1} A^{*} g_{\delta} \tag{5.4}$$

式中：地球内部质量分布异常 x 的集合为 X，即 $x \in X$；海面重力异常 g 的集合为 G，即 $g \in G$，则 $A: X \to G$ 为有界线性算子，$A^*: X \to X$ 为 A 的伴随算子，满足 $(Ax, g)=(x, A^*g)$；I 为 $X \to X$ 的恒等算子；α 为正则近似参数；δ 为偏差。

则式（5.4）可以看作方程（5.2）的解 $A^{+}g$ 的正则近似。

根据正则化的原则，正则近似解的误差与解本身的光滑性等性质有关，同时也与正则算子的构造以及所选择的正则参数有关。在讨论正则近似解的误差前，我们应首先保证我们采用的算法为正则的，下面我们导出正则近似的条件。

根据谱映照定理：

$$\| A^{*} A(A^{*}A + \alpha I)^{-1} \| \leqslant 1 \tag{5.5}$$

$$\| (A^{*}A + \alpha I)^{-1} \| \leqslant \frac{1}{\alpha} \tag{5.6}$$

其中 α 为选定的参数，考虑到：

$$\| x_{\delta}^{\alpha} - x^{\alpha} \| = \| (A^{*}A + \alpha I)^{-1} A^{*}(g_{\delta} - g) \| \leqslant \frac{\delta}{\sqrt{\alpha}} \tag{5.7}$$

所以有：

$$\| x_{\delta}^{\alpha} - A^{+}g \| \leqslant \| x^{\alpha} - A^{+}g \| + \frac{\delta}{\sqrt{\alpha}} \tag{5.8}$$

式中：称 $\|x^{\alpha}-A^{+}g|$ 为正则误差，为扰动误差。

对于参数 α 定义的算法，如果有：

$$\lim_{\delta \to 0} \alpha(\delta) = 0, \qquad \lim_{\delta \to 0} x_{\delta}^{\alpha} = A^{+}g \tag{5.9}$$

由于当 $g \in D(A^{+})$ 时有 $\| x^{\alpha(\delta)} - A^{+}g \| \to 0 \quad (\alpha(\delta) \to 0)$，根据上面的定义，条件：

$$\lim_{\delta \to 0} \alpha(\delta) = 0, \quad \lim_{\delta \to 0} \frac{\delta^{2}}{\alpha(\delta)} = 0 \tag{5.10}$$

将保证由上述参数 α 定义的 Tikhonov 近似是正则的，既通过该正则化方法得到地球内部质量分布异常的正则近似解。该条件也适用于算子存在扰动的情况，本书仅限于对重力异常存在扰动情况的研究。

由海面重力异常通过正则化方法反演海底深部质量分布异常，其精度受观测数据与反演方法等多种因素的影响，起算数据重力异常本身存在扰动，为了方便对地球内部质量分布异常正则解的误差做出更精细的估计，我们定义渐进最优阶的概念，通过渐进最优阶对正则化算法的收敛速度进行分析，从而对算法的收敛性进行精细描述。下面我们对渐进最优阶进行推导，并在推导过程中，对正则化方法中正则化参数的选取进行分析。

假设 $M_{v,\Delta}=\{x=(A^*A)^v z:\|z\|\leqslant\Delta\}$，其中 $v>0$，$\Delta\geqslant 0$，z 为 $\|(A^*)^{-1}x\|$，$R_\delta:G\to X$ 为一与 $\delta>0$ 有关的算子，我们称 $(R_\delta)_{\delta>0}$ 关于 $v>0$（和 A）上渐进最优的。另外对于常数 $c_v>0$，如果对于任意 $\delta>0$，$\Delta>0$，$x^*\in M_{v,\Delta}$ 及每一个满足条件 $\|Ax^*-g\delta\|\leqslant\delta$ 的 g_δ 都有 $\|x^*-R_\delta g_\delta\|\leqslant c_v(\Delta\delta^{2v})^{\frac{1}{2v=1}}$ 时，我们也称相应的算法或算子为渐进最优的。同时，对于待求的地球内部质量分布异常，如其属于 $M_{v,\Delta}$，则有 $\|A^+g-R_\delta g_\delta\|=O(\delta^{\frac{2v}{2v+1}})$，我们称正则近似 $x_\delta:=R_\delta g_\delta$ 的误差具有渐进最优阶。

重力异常反演地球内部质量分布异常的算子 A 为线性紧算子，该算子的值域 $R(A)$ 于 G 中稠，海面重力异常一般是根据卫星测高海面高通过逆 Vening-Meinesz 或最小二乘配置法计算得到的，海面高观测本身存在偏差，计算过程也会带来误差，尤其是在测高数据编辑预处理、快速算法、测高内区效应计算以及协方差矩阵计算等各过程均会产生不同程度的误差，因此此处作为起算重力异常与实际的海面重力异常是存在偏差的。假设 $\|g-g_\delta\|\leqslant\delta<\|g_\delta\|$，$x_\delta^{\alpha(\delta)}$ 是待求的海底深部质量分布异常正则解，且满足条件 $\|A_{x_\delta}^{\alpha(\delta)}-g_\delta|=\delta\|$ 对所有 $\delta\in(0,\delta_0]$ 成立。

$x_\delta^{\alpha(\delta)}$ 极小化 Tikhonov 泛函：

$$M[\alpha,\delta,x]:=\|Ax-g_\delta\|^2+\alpha(\delta)\|x\|^2 \tag{5.11}$$

因此有：

$$\begin{aligned}&\alpha(\delta)\|x_\delta^{\alpha(\delta)}\|^2+\delta^2=M[\alpha,\delta,x_\delta^{\alpha(\delta)}]\leqslant M[\alpha,\delta,x]\\&=\|g-g_\delta\|^2+\alpha(\delta)\|x\|^2\leqslant\delta^2+\alpha(\delta)\|x\|^2\end{aligned} \tag{5.12}$$

因此 $\|x_\delta^{\alpha(\delta)}\|^2\leqslant\|x\|^2$ 对所有的 $\delta>0$ 成立，从而可导出估计公式：

$$\begin{aligned}&\|x_\delta^{\alpha(\delta)}-x\|^2=\|x_\delta^{\alpha(\delta)}\|^2-2\mathrm{Re}(x_\delta^{\alpha(\delta)},x)+\|x\|^2\leqslant 2[\|x\|^2-\mathrm{Re}(x_\delta^{\alpha(\delta)},x)]\\&=2\mathrm{Re}(x-x_\delta^{\alpha(\delta)},x)\end{aligned} \tag{5.13}$$

令 $x=A^*z\in A^*(G),z\leqslant\Delta$, 且 $z\in G$，其中 $z=\|(A^*)^{-1}x\|$ 则有：

$$\begin{aligned}&\|x_\delta^{\alpha(\delta)}-x\|^2\leqslant 2\mathrm{Re}(g-Ax_\delta^{\alpha(\delta)},z)\leqslant 2\mathrm{Re}(g-g_\delta,z)+2\mathrm{Re}(g_\delta-Ax_\delta^{\alpha(\delta)},z)\\&\leqslant 2\delta\|z\|+2\delta\|z\|=4\delta\|z\|\leqslant 4\delta\Delta\end{aligned} \tag{5.14}$$

于是有：

$$\|x_\delta^{\alpha(\delta)}-x\|\leqslant 2\sqrt{\delta\Delta} \tag{5.15}$$

重力异常反演海底深部质量分布异常的算子 A 为正定的，所以 $R(A^*G)$ 于 X 中稠，因此 $\forall x\in X,\varepsilon>0$，$\exists\tilde{x}=A^*z\in A^*(G)$ 使得 $\|\tilde{x}-x\|\leqslant\frac{\varepsilon}{3}$，于是可算得：

$$\begin{aligned}\|x_\delta^{\alpha(\delta)}-x\|^2 &\leqslant 2\mathrm{Re}(x-x_\delta^{\alpha(\delta)},x-\tilde{x})+2\mathrm{Re}(x-x_\delta^{\alpha(\delta)},A^*z)\\ &\leqslant 2\|x_\delta^{\alpha(\delta)}-x\|\cdot\frac{\varepsilon}{3}+2\mathrm{Re}(g-Ax_\delta^{\alpha(\delta)},z)\\ &\leqslant \frac{2}{3}\|x_\delta^{\alpha(\delta)}-x\|\cdot\varepsilon+4\delta\|z\|\end{aligned} \tag{5.16}$$

上式等价于：

$$(\|x_\delta^{\alpha(\delta)}-x\|-\frac{\varepsilon}{3})^2\leqslant\frac{\varepsilon^2}{9}+4\delta\|z\| \tag{5.17}$$

如果重力异常存在的误差 $\delta=\delta(\varepsilon)>0$ 足够小，能满足 $\delta\|z\|\leqslant\frac{1}{12}\varepsilon^2$ ，便有：

$$\|x_\delta^{\alpha(\delta)}-x\|\leqslant\varepsilon \tag{5.18}$$

由以上证明可以看出，对于 Tikhonov 正则化方法，根据 Morozov 偏差原理确定正则化参数 α，则有 $\|x_\delta^\alpha-A^+g\|=O(\sqrt{\delta})$，从而海底深部质量分布异常的正则近似解具有渐进最优阶 $O(\sqrt{\delta})$，海底深部质量分布异常求解的理论精度仅取决于重力异常观测的精度，且只要重力异常与地质地球物理约束观测误差足够小，海底深部质量分布异常求解的精度就足够高。同时表明 $z=\|(A^*)^{-1}x\|\leqslant\Delta$ 在条件下，Morozov 偏差原则是最优的正则化方法。

5.3.2 海洋重力异常及改正

海洋重力场的空间差异表现为海洋重力异常，不同海区的重力异常特征既有来自海水与洋壳的浅层原因，也有来自地幔的深层原因，既受附近区域的近区（Hayford 半径 1° 29′ 58″ 即 166.7km 以内）影响，也受较远区域的远区（166.7km 以外）影响。卫星测高重力异常是全球质量分布的反映，为了突出地球深部的密度异常分布对重力异常的影响，从而更准确地通过重力异常反演地球深部地幔对流的特征，需要将卫星测高重力异常进行全球地形改正，获得改正后的布格重力异常。对布格重力异常进行远区 Airy 均衡改正，得到远区改正后的格莱尼重力异常，集中反映异常周围区域的深部密度异常。对远区改正后的格莱尼重力异常进行近区 Airy 均衡改正，得到的格莱尼异常通常称为均衡重力异常，可以突出反映地幔的密度异常分布与对流模式。不同重力异常之间的关系克表示为：

$$\Delta g_F=g-\gamma \tag{5.19}$$

$$\Delta g_B=g-\gamma+\delta_{g_B}=\Delta g_F+\delta_{g_B} \tag{5.20}$$

$$\Delta g_G=\Delta g_F+\delta g_G=\Delta g_F+\delta g_d+\delta g_i \tag{5.21}$$

式中：Δg_F 为自由空间重力异常；Δg_B 为布格重力异常；Δg_G 为格莱尼重力异常；g 为归算到大地水准面上的重力观测值；γ 为正常重力；δ_{gB} 为布格教正；δ_{gd} 为近区均衡校正；δ_{gi} 为远区均衡校正；δ_{gG} 为格莱尼校正。

引起布格重力异常的原因主要包括 6 种。

1）按布格板校正后的剩余地形质量的影响，是由布格板校正不足造成的。

2）低密度海水造成的影响。

3）正常地壳厚度以下的低密度物质产生的补偿质量的影响。

4）分布在洋壳之下的高密度物质的影响。

5）布格板校正过度造成的质量影响。

6）地幔质量异常造成的影响。

在使用布格异常进行解释与分析时，考虑以上影响布格异常的主要因素，显然我们应当尽可能地消除第一种与第五种因素造成的质量的影响，然后才能根据不同的目的，对形成布格异常的各种因素进行取舍。对于第二种因素造成的影响，可通过海水深度模型进行计算改正。第三种、第四种与第五种因素影响往往是我们进行地质与地球物理分析所需要的，为了更准确对特定区域第三种、第四种因素进行分析与反演，需要进行远区改正，以消除远区第三种、第四种异常质量造成的影响，即进行远区格莱尼校正，这种改正消除了布格异常中的干扰成分，加强了布格重力异常对研究质量的相关程度。因此可以说，布格重力异常与格莱尼重力异常的基本物理意义是相同的，但是格莱尼异常能更准确地进行地质与地球物理解释，对经过远区改正得到的格莱尼异常进行近区均衡改正消除浅部质量的影响得到的格莱尼异常通常称为均衡异常，均衡异常能更好地反映地球深部由地幔质量造成的重力异常。由海洋重力异常计算地壳与地幔质量的异常分布属于不适定反问题的求解，可以通过现有的地震层析结果作为约束通过正则化的方法进行。

基于卫星重力、卫星测高与船测重力的海洋空间重力异常在进行了布格校正与格莱尼校正后，还应进行布隆斯校正，这是由于大地水准面相对于椭球面存在距离而进行的校正。由于正常重力是根据地球密度模型即参考椭球体计算的，根据其定义，重力异常是大地水准面上的点所在位置的重力矢量与该点沿参考椭球面法线投影到椭球面上的投影点所在位置的正常重力矢量的差值，因此在已知大地水准面的椭球高的情况下，应当将重力异常从大地水准面归算到椭球面上，经过布隆斯校正的重力异常才能更准确地反映地球深部的密度变化。海洋大地水准面与椭球面的偏差平均约为 60m（这还与采用的椭球有关），布隆斯校正值 $\delta g_B=0.2654h=16$mGal，其中 h 为大地水准面高，单位为米，可见布隆斯校正是不可忽视的。

边缘海地区是陆壳与洋壳过渡比较明显的区域，上地幔也表现出一定的差异。根据地震波层析成像结果，洋壳地区上地幔的速度大于陆壳地区上地幔的速度，这不仅说明上地幔物质在横向密度上的差异，而且也表明洋壳地区长波重力异常明显高于陆壳地区的长波重力异常，这与实地重力观测的结果也是一致的。根据重力观测结果，陆壳重力异常平均为 −50mGal（布格重力异常）和 −70mGal（空间重力异常），边缘海地区重力异常平均为 150mGal（布格重力异常）和 ± 200mGal（空间重力异常），洋壳地区重力异常一般在 280mGal 以上（布格重力异常）和 ± 30mGal（空间重力异常）左右。大陆地壳中存在厚度较大密度较小的硅铝层地壳是引起陆壳地区低负异常的重要原因之一。由于均衡地壳的作用，地壳厚度与密度引起的布格重力异常主要反映在高阶重力场中，但在大陆向海洋过渡的较大的区域范围内却反映出高阶重力异常，表现为陆壳到洋壳，莫霍面明显变浅，落差可达 20km，这只能从地球深部地壳之下的地幔的密度变化寻找更深层的原因。这种情况说明从陆地到海洋，地幔的密度明显变大，因此导致大陆地区地幔流应力场多受地幔上升流的支配，大洋区域地幔流主要受地幔下降流应力场的影响。地幔密度的横向差异既是影响重力异常分布的重要因素，也是诱发地幔对流发生的主要动力。

5.3.3 重力异常谱计算与分析

5.3.3.1 重力阶异常分量计算

根据重力场球谐系数计算不同阶次的重力异常。

地球引力位为：

$$V=\frac{\mu}{r}\sum_{l=0}^{\infty}\sum_{m=0}^{l}\frac{a^{l}}{r^{l}}\overline{P}_{lm}\left(\cos\theta\right)\left|\overline{C}_{lm}\cos m\lambda+\overline{S}_{lm}\sin m\lambda\right| \tag{5.22}$$

式中：r，λ，θ 为球坐标；μ 为地球的万有引力常数；a 为地球长半径；$\overline{P}_{lm}\left(\cos\theta\right)$为完全规范化 Legendre 多项式；$\overline{C}_{lm}$，$\overline{S}_{lm}$为完全规范化的位系数；$l$，$m$ 为阶和次。

$$P_{lm}\left(\cos\theta\right)=\frac{\left(1-\cos^{2}\theta\right)^{\frac{m}{2}}}{2^{l}l!}\frac{d^{(l+m)}}{d\left(\cos\theta\right)^{(l+m)}}\left(\cos^{2}\theta-1\right)^{l} \tag{5.23}$$

$$\overline{P}_{l}=\sqrt{2l+1P_{l}} \tag{5.24}$$

$$\overline{P}_{lm}=\left[\frac{(l+m)!}{2(2l+1)(l-m)!}\right]^{-\frac{1}{2}}P_{lm} \tag{5.25}$$

$$\begin{Bmatrix}\overline{C}_{lm}\\ \overline{S}_{lm}\end{Bmatrix}=\left[\frac{(l+m)!}{2(2l+1)(l-m)!}\right]^{\frac{1}{2}}\begin{Bmatrix}\overline{C}_{lm}\\ \overline{S}_{lm}\end{Bmatrix} \tag{5.26}$$

地球引力是引力位的梯度，为：

$$\boldsymbol{g}=gradV=\left[\frac{\partial V}{\partial X}\quad\frac{\partial V}{\partial Y}\quad\frac{\partial V}{\partial Z}\right]^{T} \tag{5.27}$$

地球重力场模型与大地水准面起伏和重力异常的关系分别为：

$$N(r,\theta,\lambda)=\frac{GM}{r\gamma}\sum_{l=1}^{l_{\max}}\left(\frac{a}{r}\right)^{l}\sum_{m=0}^{l}\left[\overline{C}_{lm}\cos(m\lambda)+\overline{S}_{lm}\sin(m\lambda)\right]\overline{P}_{lm}\left(\cos\theta\right) \tag{5.28}$$

$$\Delta g(r,\theta,\lambda)=\frac{GM_{e}}{r^{2}}\sum_{l=1}^{l_{\max}}(l-1)\left(\frac{a}{r}\right)^{l}\sum_{m=0}^{l}\left[\overline{C}_{lm}\cos(m\lambda)+\overline{S}_{lm}\sin(m\lambda)\right]\overline{P}_{lm}\left(\cos\theta\right) \tag{5.29}$$

式中：γ 为正常重力。

据此即可根据球谐函数系数计算不同阶次及其各种不同组合情况下的重力异常。

5.3.3.2 海底地形质量对重力异常的影响

地球表面的重力加速度取决于其下物质的密度，由于海水的密度远小于岩石的密度，深海处的重力小于浅海处的重力。根据粗略的估算，海深每变化 1m，对重力的影响为 0.07mGal，在小于几百千米波长的情况下，地形与重力强相关。

海面重力的短波变化是由于海底地形的变化引起的，但是为了计算的方便，我们只对由于海水密度小于岩石密度而造成的海面重力的变化进行计算。根据万有引力定律容易推出，质量为 m 的物质在距其 l 距离位置产生的重力为：

$$\Delta g = Gm/l^2 = \frac{G}{l^2}\rho \cdot \mathrm{d}v \tag{5.30}$$

式中：Δg 为重力加速度；G 为万有引力常数；ρ 密度；v 为体积。

以此为基础可以计算海底地形 / 海深对海面处造成的重力影响。影响该计算结果的主要因素包括形成海底地形的物质密度与海深，根据本章前面的介绍与分析，在中国东部边缘海区域，海底最上层为海洋沉积物层，密度为 1.93 ~ 2.3g/cm^3。海洋沉积物之下为镁铁质火成岩，以玄武岩和辉长岩为主，密度为 2.55g/cm^3，因此海水密度与形成海底地形的物质密度差可以假设为 1.4g/cm^3 是比较合适的。根据纬度 20° N ~ 42° N，经度 117° E ~ 132° E 区域的 2′ × 2′ 海深模型（图 5.1），本书计算了中国东部纬度 30° N ~ 40° N，经度 120° E ~ 125° E 海区的海底地形 / 海深对海面重力的影响，如图 5.2 所示。

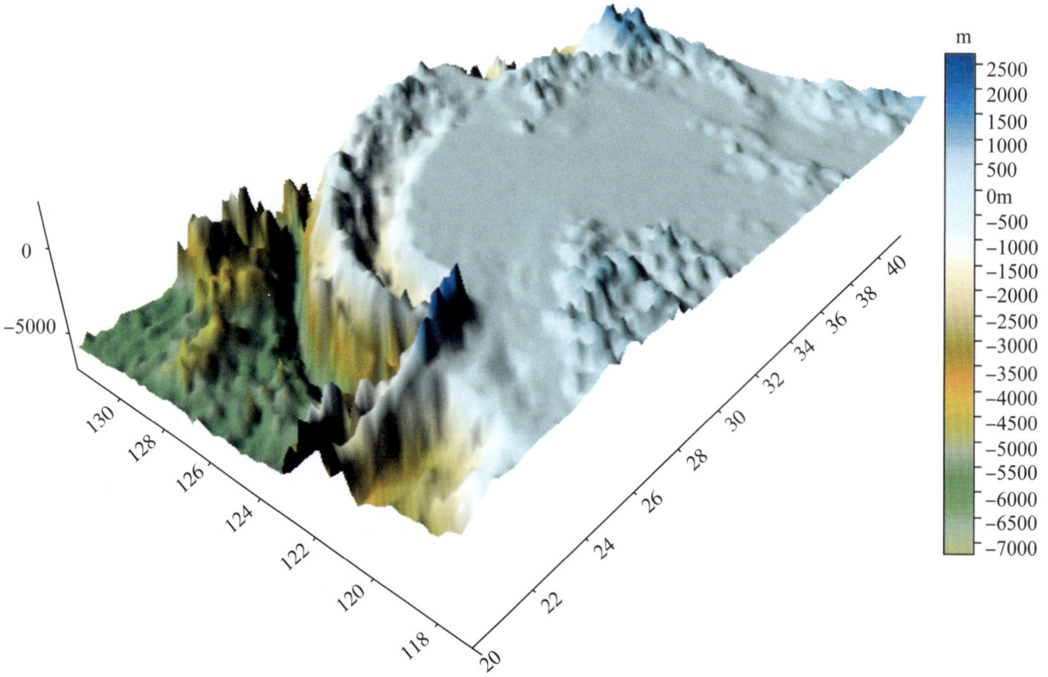

图 5.1 中国东部海深模型（单位 m）

在深海区域，由于深度变化与深度本身相比要小得多，地形与重力的关系近似于线性关系，根据重力的变化，通过固定的常数因子就可以获得洋底地形。

5.3.3.3 地壳密度不均匀对重力异常的影响

地壳密度不均匀对重力异常的影响与海底地形质量对重力异常的影响的计算原理是一样的，关键是对地壳密度的估计，一般情况下可以参照冯锐等人经过试验得出的地壳密度与其地震波速度的经验公式计算地壳密度。

$$\rho = 2.78 + 0.56(v_P - 6.0) \qquad (6.0 \geqslant v_P \geqslant 5.5) \tag{5.31}$$

$$\rho = 3.07 + 0.29(v_P - 7.0) \qquad (7.5 \geqslant v_P \geqslant 6.0) \tag{5.32}$$

$$\rho = 3.22 + 0.20(v_P - 7.5) \qquad (8.5 \geqslant v_P \geqslant 7.5) \tag{5.33}$$

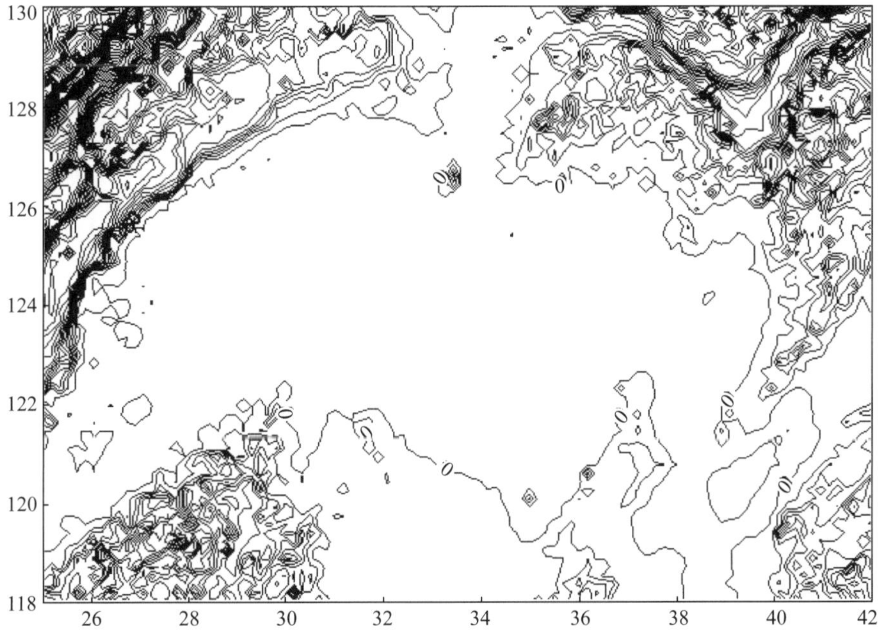

图 5.2　海底地形 / 海深对海面重力的影响

由此即可根据地震波 P 波观测结果计算地壳密度，进而计算地壳密度不均匀对重力异常的影响。

上述计算中，需要首先进行地壳厚度的计算，其计算精度与目前重力场探测资料、地震波体波面波成像结果、地磁异常探测及所采用的计算方法有关。综合考虑目前的观测资料与算法，本书在研究中以地震波观测结果作为约束，利用重力异常反演地壳厚度的方法将成为未来逐步提高地壳厚度计算精度的主要方法。该方法认为岩石圈漂浮在流体状的软流圈之上，岩石圈可简单地假设为均一的弹性薄板（也有的学者把岩石圈看作黏性、黏弹性、弹塑性板，更复杂地则假设岩石圈的流变学性质随着深度的变化而变化）。Bodine 等对比分析各种模型后认为，用一个均一的弹性薄板就足可以模拟出岩石圈的挠曲。由于岩石圈的挠曲产生的密度异常会引起重力异常，把岩石圈近似地看作弹性薄板，用弹性薄板的挠曲就可以表示重力异常，反过来就利用重力异常就可以模拟岩石圈挠曲。根据弹性薄板理论，用数值积分方法可以导出由于弹性薄板挠曲所引起的重力异常的计算公式。这样就可以通过非线性最小二乘拟合计算地壳 / 岩石圈有效弹性厚度。

直接利用重力异常计算岩石圈厚度存在的问题是该计算结果为岩石圈弹性厚度，由于不同条件下不同性质岩石的性质是不一样的，如不同岩性的岩石在不同温度条件下表现出来的弹性有可能存在很大的差别，因此有效弹性一致的岩石层厚度未必完全相同。大洋岩石圈有效弹性厚度分布在（450 ±150）℃等温面内，并且随着加载时岩石圈年龄的增加而增加，因此，大洋岩石圈的挠曲刚度不仅与岩石圈的热结构有关，而且与岩石圈的年龄有关。Calmant 等人应用弹性板挠曲理论进行了太平洋、大西洋、印度洋研究，总结出岩石圈有效弹性厚度 T 和岩石圈年龄 t 之间的简单关系式：

$$T=(2.70\pm 0.15)t^{1/2} \qquad (5.34)$$

式中：T 的单位为千米（km）；t 的单位为百万年（Ma）。

另外利用重力异常模拟岩石圈挠曲时，需要考虑排除长、短波长重力异常的干扰因素，其中短波长的影响主要是一些小尺度地形起伏造成的，长波长成分主要是大尺度地幔动力活动因素造成的。计算不同波长重力异常的影响因素，这又回到了我们探测岩石圈厚度的起点。因此利用重力异常计算岩石圈厚度时，需要考虑其他约束条件，目前比较可信而有效的为地震波探测与成像为主的地球物理观测数据的处理结果。

在地球物理数据处理中，P 波成像反演可采用 LSQR 方法对研究区进行速度重建，在反演基础上分别给出地壳和上地幔的速度图像，莫霍面附近的 P 波速度图像可以反映莫霍面处的速度分布特征及莫霍面的起伏形态，更深部的速度成像则可以反映出上地幔岩石层的速度分布和相应的性质与形态。面波数据除了进行初步处理外，还可以对其中的长周期记录开展时频分析，提取面波频散信息，用于速度结构和各向异性的研究。另外还可以考虑重磁数据处理结果，通过调和分析计算莫霍面深度。

5.3.3.4 重力场谱分量分析

重力异常是地球内部密度不均匀分布和内部物质运动在地球表面的综合反映。地球内部密度不均匀与地球内部的物理过程是紧密相关的。重力异常与场源埋藏深度存在密切关系，研究发现，下地幔 P 波速度异常与 2 ~ 6 阶长波大地水准面起伏有很强的相关性，并认为这种现象与核幔边界起伏和下地幔密度异常有关。通过对点质量源的重力异常与大地水准面比率进行研究，Biwin 给出了重力场球谐函数阶次与场源深度的近似关系式。尽管这种近似关系与实际观测资料对比存在着较大的差异，但是随着海底地形、地震层析成像、莫霍面等地质与地球物理数据的逐步积累，通过正演模拟计算岩石层内重力异常的可靠性正逐步增强，在此基础上即可进一步研究卫星重力位系数与场源深度的关系。

本书研究利用现有海底地形与地质构造资料计算边缘海岩石圈差异导致的重力异常，并把该重力异常从全阶重力异常中扣除，然后与不同阶次的重力异常进行比较，从而研究边缘海地区不同深度范围物质密度不均匀造成的重力异常的最佳阶次，进而通过重力谱分析与组合的方式取代布格改正与 Airy 均衡改正。这样即可通过对重力谱的简单分析与成分组合对边缘海地区的地幔对流模式进行进一步的研究。

为了通过重力异常探测有关地幔对流模式的深部地球构造与活动信息，本书利用根据海底地形模型计算的海底地形对重力异常的影响，通过该计算结果与不同阶次重力位模型计算的重力异常的均方差，寻求表示海底地形造成的重力异常的最佳阶次，以便通过谱分析的方法从全尺度海洋重力异常谱中移去海底地形对重力异常的贡献。与海底地形相比，海面地形起伏很小，对重力异常的影响更小，且目前也没有精确的海面地形模型，因此本书在对全分辨率海洋重力异常谱成分进行分析时忽略海面地形对重力异常的贡献。这样根据现有的研究成果便可以确定海底地形为影响海面重力异常的量级最小的海洋物质质量异常分布，因此在确定表示海底地形造成的重力异常的最佳阶次时，可以从最高阶重力异常算起，逐阶向低阶方向进行计算，最后得到海底地形造成的重力异常谱的所有成分。考虑到 360 阶以上分辨率重力异常是通过卫星测高波形重定获得，可以直接利用，因此本书从 360 阶开始，向低阶方向逐阶识别。由于重力异常谱分量只可能是海底地形对重力异常影响的一部分，二者之间在数值上差值的大小并不能作为阶异常分量是否为海底地形对重力异常影响的分量，因此本书确定以下两点作为谱成分探测识别的基本原则。

第一，重力异常阶分量的起伏与海底地形起伏一致即认为该阶分量为海底地形引起的重力异常的一部分。基于该原则，在实际计算识别过程中，部分一致（超过 50%），本书将该阶异常分量纳入海底地形引起的重力异常中。具体的方法是对根据海底地形计算的重力异常和阶异常分量分别沿水平方向（东西方向和南北方向）进行一次差分求导，然后将导数进行对比，符号一致部分超过 50% 即认为趋势一致，可将该阶异常分量视为海底地形引起的重力异常的一部分，导数符号一致性不足 50%，可暂时将该阶异常分量视为是由深部地壳或地幔质量异常分布引起的。

第二，将根据第一条原则识别出的阶异常分量求和与根据海底地形计算的重力异常的影响值进行比较，均方差为 0 的阶异常组合即认为是全分辨率重力异常谱中表示海底地形造成的重力异常的阶次。根据该原则本研究计算确定了一系列阶重力异常谱组合，并在 $2' \times 2'$ 格网值的基础上求出了各阶重力异常组合形成的重力异常与根据海底地形模型计算的地形造成的重力异常之间的均方差，如下表 5.2 所示。从表 5.2 可以看出，第 8 号组合的均方差值最小，这样就可以初步确定所选研究区域的海底地形对重力异常的影响在重力异常谱上的表示为第 8 号谱组合。考虑到最小均方差并不为 0mGal，主要原因在于所探测到的阶异常谱分量并不能完全包括由海底地形造成的重力异常。在实际计算中，考虑到根据第一基本原则排除的阶异常分量，尤其是位于 303 ~ 360 阶之间的阶重力异常还有可能是海底地形引起的重力异常的分量，有可能属于海底地形引起的重力异常的分量，因此将 303 ~ 360 阶的所有阶异常组成的重力异常与根据海底地形模型计算的地形造成的重力异常在 $2' \times 2'$ 格网上进行比较，结果均方差为 4.31mGal，优于 8 号谱组合与根据海底地形模型计算的地形造成的重力异常的均方差。由此可以看到 303 ~ 360 阶球谐函数重力异常对中国东部海区海底地形产生的重力异常的贡献比 303 阶以前重力异常的贡献要明显。但是从重力异常偏差均方差的值来看，360 阶以上分辨率重力异常应占中国东部海区海底地形产生的重力异常的主要部分。

表 5.2　阶重力异常与地形重力异常比较

编号	谱组合（阶）	均方差 /mGal
1	360，359	8.21
2	360，359，357，356	8.10
3	360，359，357，356，352，351，350，346，345，344	7.00
4	360，359，357，356，352，351，350，346，345，344，343，342，341，339，338，337，335	6.39
5	360，359，357，356，352，351，350，346，345，344，343，342，341，339，338，337，335，333，332，331，330，329	6.08
6	360，359，357，356，352，351，350，346，345，344，343，342，341，339，338，337，335，333，332，331，330，329，328，327，326，324，323，321，320，318	5.75
7	360，359，357，356，352，351，350，346，345，344，343，342，341，339，338，337，335，333，332，331，330，329，328，327，326，324，323，321，320，318，317，316，313	5.31

续表

编号	谱组合（阶）	均方差 /mGal
8	360，359，357，356，352，351，350，346，345，344，343，342，341，339，338，337，335，333，332，331，330，329，328，327，326，324，323，321，320，318，317，316，313，312，311，310，308，307，304，303	4.69
9	360，359，357，356，352，351，350，346，345，344，343，342，341，339，338，337，335，333，332，331，330，329，328，327，326，324，323，321，320，318，317，316，313，312，311，310，308，307，304，303，302，300，299，297	4.93
10	360，359，357，356，352，351，350，346，345，344，343，342，341，339，338，337，335，333，332，331，330，329，328，327，326，324，323，321，320，318，317，316，313，312，311，310，308，307，304，303，302，300，299，297，296，295，294，292	5.59
11	360，359，357，356，352，351，350，346，345，344，343，342，341，339，338，337，335，333，332，331，330，329，328，327，326，324，323，321，320，318，317，316，313，312，311，310，308，307，304，303，302，300，299，297，296，295，294，292，290，289，288，287，286	6.38
12	360，359，357，356，352，351，350，346，345，344，343，342，341，339，338，337，335，333，332，331，330，329，328，327，326，324，323，321，320，318，317，316，313，312，311，310，308，307，304，303，302，300，299，297，296，295，294，292，290，289，288，287，286，285，283，282，280，279，277	6.90
13	360 ~ 318	5.72
14	360 ~ 313	5.20
15	360 ~ 303	4.31
16	360 ~ 297	4.90
17	360 ~ 292	5.50

研究结果表明，在中国东部海区，海底地形对重力异常的影响相当于 303 阶以上重力异常谱分量的贡献，近区（Hayford 半径 1° 29′ 58″ 即 166.7km 以内）影响与远区（Hayford 半径 1° 29′ 58″ 即 166.7km 以外）影响相当于 61 ~ 303 阶重力异常谱分量的贡献。经过海底地形改正和近区与远区改正后的重力异常相当于直接从全分辨率重力异常谱中减去 61 阶以上分量，剩余的 2 ~ 60 阶重力异常即相当于地幔物质质量不均匀产生的重力异常，其中 2 ~ 6 阶重力异常由下地幔产生，7 ~ 60 阶由上地幔产生。考虑到重力异常是大地水准上重力值与椭球面上正常重力值之间的差值，因此还要将经过海底地形改正与近区与远区改正后剩余的 2 ~ 60 阶重力异常进行布隆斯改正，将重力值归算到椭球面上再与正常重力进行比较，这样得到的差值才能更好地反映上地幔物质质量分布的差异。具体研究计算流程如图 5.3 所示。

一般来说，利用高阶球函数表示区域高分辨率重力场模型时，由于系数较多，系数求解时计算量较大，使用模型时也会增加计算量，而且在处理高阶次的计算任务时，由于 Legendre 多项式的计算误差对计算结果的影响将随着阶次的上升而快速增大，这种情况下利用球函数表示高分辨率重力场就比较困难，因此对这样的高分辨率重力场，尤其对于区

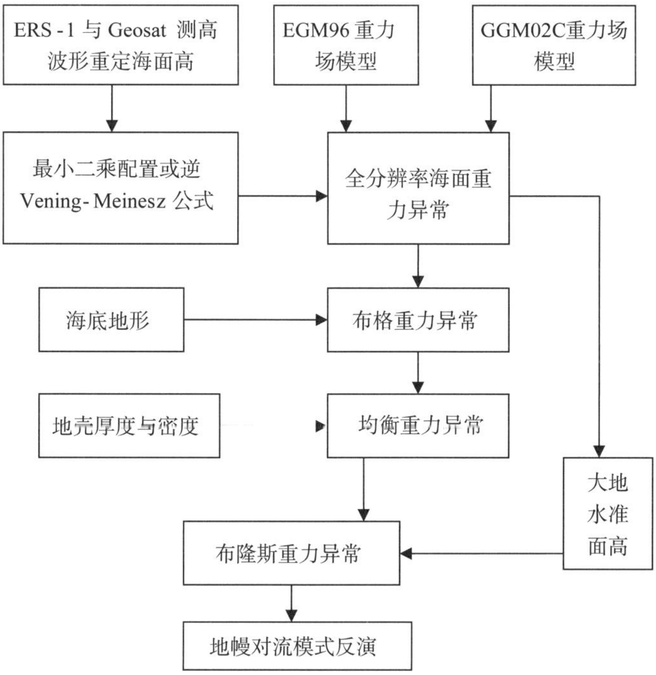

图 5.3　地幔重力异常计算流程

域重力场，本书在研究中对其数学表示不再做进一步推导，仅作为海底地形造成的部分影响在重力异常谱分析中直接减去。

为了方便对中国东部边缘海的地质与地球物理构造进行全尺度研究，我们根据EGM96 与 GGM02C 地球重力场模型以及对卫星测高波形数据进行波形重定计算得到的相当于重力场模型 1800 阶分辨率的中国边缘海海区的重力异常，建立了该区域 2 ～ 6 阶、6 ～ 10 阶、2 ～ 10 阶、7 ～ 60 阶、61 ～ 303 阶、304 ～ 360 阶及相当于 361 ～ 1800 阶系数所构成的全分辨率重力异常，如图 5.5 至图 5.10 所示。其中 1 ～ 180 阶球谐系数取自 EGM96 模型，181 ～ 360 阶球谐系数取自 GGM02C 模型，361 阶以上分辨率重力异常来自 Geosat 与 ERS-1 卫星测高波形重定。

从图 5.4 至图 5.6 可以看出低阶重力异常等值线都比较稀疏平缓，绝对值也比较小，稀疏平缓说明重力异常最有可能源于远处，即地球深部，绝对值小反映出地球深部较小的横向物质密度差异。根据现代地球物理的研究成果，地核为高温高压下的完全液态，其各部位的对流、扩散以及其他能引起物质与能量重新分布的地球物理现象进行得比较充分，已达到较好的平衡状态，因此地核的物质不均匀分布程度比较低。如果忽略地幔地壳质量的影响，理论上地核应为只受其自身的万有引力与地球自转产生的离心力的影响，地核的形状应表现为一个与地球参考椭球完全一致的，可以在几何上进行精确描述的旋转椭球体。以此为基础，我们可以认为地球外部的低阶重力异常不应源于地核，根据前面低阶重力异常最有可能源于地球深部的分析，我们可以初步判定地球低阶重力异常源于下地幔。

根据地震波观测结果，下地幔纵波速度从 10.08km/s 到 13.54km/s，纵波速度从 5.42km/s 到 7.2 3km/s。在高温高压环境下，下地幔刚性不强，更多地表现为塑性，这决定

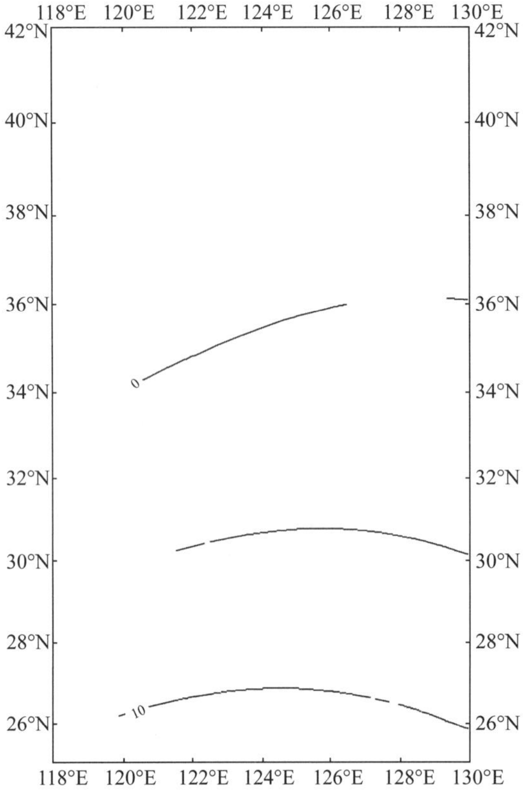

图 5.4　2 ~ 6 阶重力异常（单位 mGal）

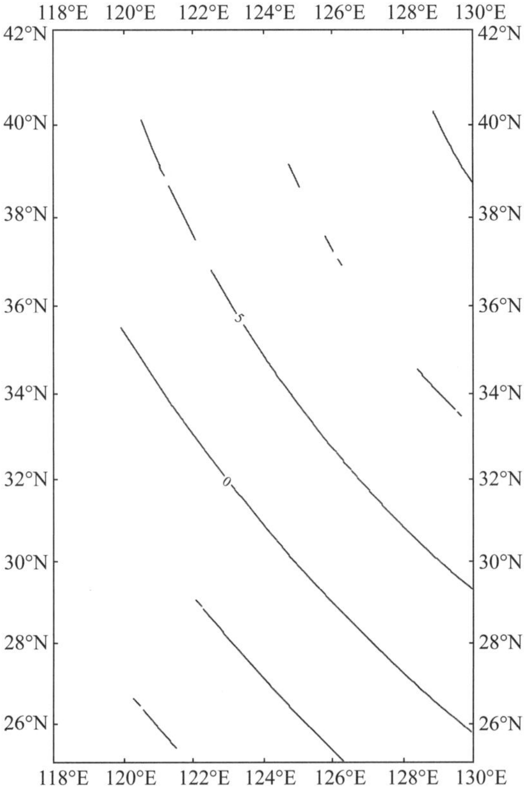

图 5.5　7 ~ 10 阶重力异常（单位 mGal）

地幔物质密度分布不均匀造成的重力异常将属于一个比较小的量级。将图 5.5 至图 5.7 进行比较，2 ~ 10 阶重力异常中，7 ~ 10 阶所占的比重明显较大，这从重力异常等值线的走向上可以反映出来，因此可以初步判定，在所研究的区域内（纬度 25° N ~ 42° N，经度 118° E ~ 130° E），2 ~ 6 阶重力异常主要源于下地幔物质质量的不均匀分布，这与不同于海洋的大陆地区下地幔物质不均匀造成的重力异常球谐函数的阶次范围是基本一致的，这也说明，在全球的不同地区，下地幔在海洋和大陆地区区别不明显或没有区别，在中国东部边缘海区下地幔与大陆地区基本一致。

下地幔之上为上地幔，根据地震波在上地幔的变化可以认定，上地幔的最上部为固体岩石圈的组成部分，岩石圈漂浮在半熔融的软流圈之上，软流圈之下的上地幔虽然温度与压力进一步增加，但由于岩石性质的变化，其流动性弱于软流圈。其结构复杂性及在地球动力学过程中的作用在重力异常谱中也有明显的体现。上地幔的动力不平衡对地形均衡效应有明显影响，这是改变地壳和上地幔之间流体静力学平衡状态，影响地壳运动的具有决定性的内部因素。上地幔重力异常体现了更大的重力位势的不平衡，上地幔密度异常在整个地球结构异常中起着主导作用，上地幔的全球性密度结构异常引起的动力不平衡是全球地球动力学活动的动力源。地幔动力不平衡主要通过地幔对流方式改造地球表层岩石圈的构造。

从图 5.7 可以看出，中国东部海域，从西北近浅海到东南深海，随着地壳由陆壳向洋壳转换，7 ~ 60 阶重力异常分量表现出明显的变化，这只能从地球深部地壳之下的上地

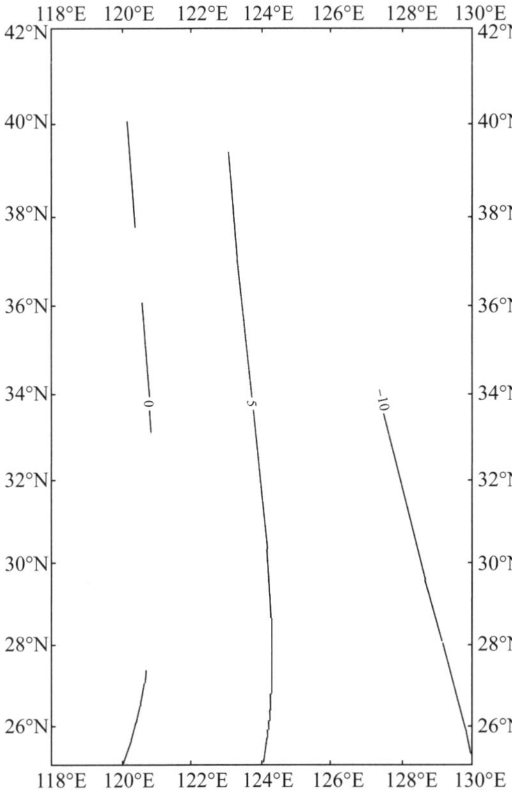

图 5.6　2 ~ 10 阶重力异常（单位 mGal）

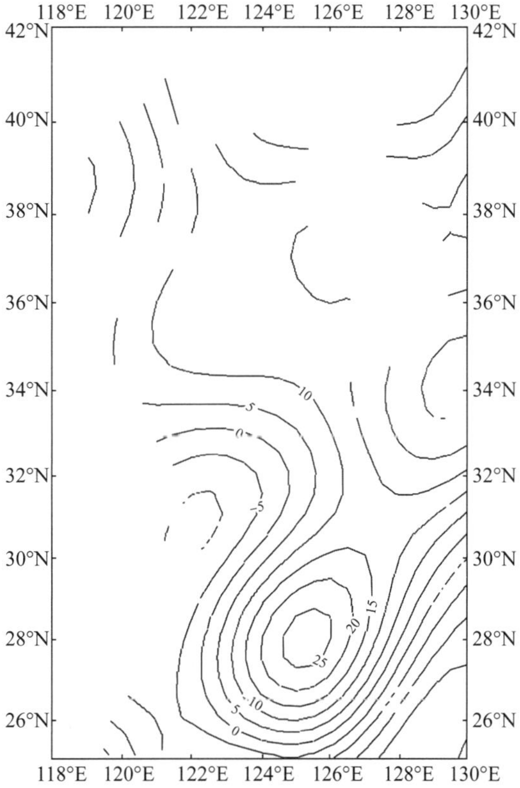

图 5.7　7 ~ 60 阶重力异常（单位 mGal）

幔的密度变化寻找更深层的原因。如图 5.8 所示，在大洋板块与大陆板块发生转换的火山岛弧处，上地幔重力异常值迅速升高，由此可以推断火山岛在地壳造成的重力负载对上地幔的影响并没有通过地壳均衡作用完全抵消，火山岛处下地幔密度异常偏高是由于此处地幔受上升流控制，来自地幔深部的岩浆具有更高的温度和密度，在上升过程中压力减小造成的体积膨胀与温度降低造成的体积收缩可以相互抵消，因此地幔流在上升过程中密度不会减小。可以肯定，高密度的地幔流来自深部与大洋一侧，因此地幔上升的机制不是受重力诱发的大陆地幔上升流应力场的影响，而是源于板块碰撞造成的压力导致大洋地幔由深部受挤压上升，在顶部遇冷形成火山岛，受阻的上升流向下折回流向大陆地幔，由于大陆地幔密度小，源于大洋的高密度岩浆折流后在大陆地幔中发生下沉。这一过程在图 5.8 的重力异常谱分量中表现为岛弧两侧重力异常逐步降低。

从地幔对流机制来看，岛弧处的地幔对流属于发生在沟 – 弧 – 盆体系的小尺度地幔对流，其应力场的基本特征为弧后是应力发散区，上地幔重力异常分量表现为较岛弧处逐步降低；岛弧是应力汇聚带，海沟是应力发散带，来自大洋地幔深部的岩浆冲入上地幔，导致剧烈的力学、热力学效应，造成洋陆地幔交界处强烈的火山活动。

上地幔之上为地壳，地壳在大陆与大洋区域表现出明显不同，陆壳厚，密度小，洋壳薄，密度大，在重力异常上亦有明显体现。如图 5.9 所示，在图中所示的东南部海沟处，地壳重力异常分量表现为密集的等值线，这说明海底地形的剧烈变化与地壳中强烈的均衡作用是一致相关的。

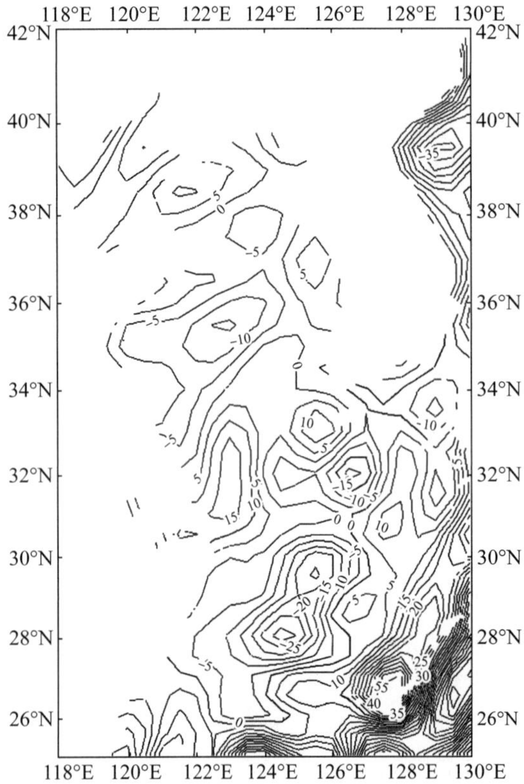

图 5.8　61 ~ 303 阶重力异常（单位 mGal）

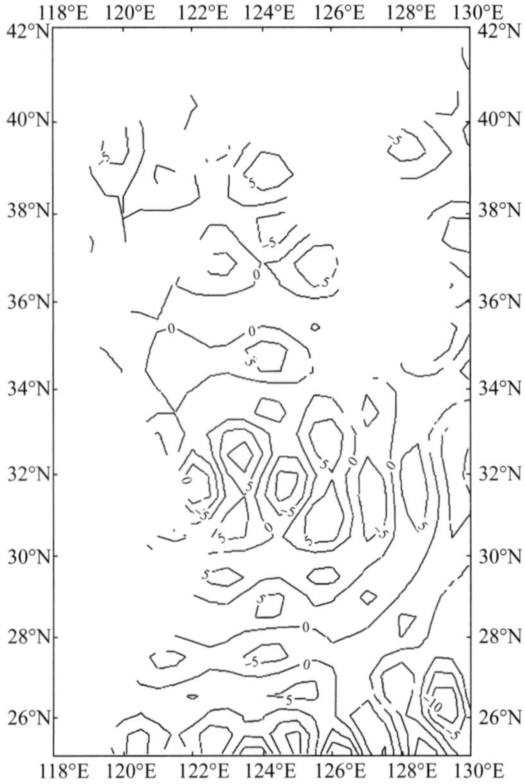

图 5.9　304 ~ 360 阶重力异常（单位 mGal）

参考文献

安国英，韩磊，黄树春，等 . 2019. 念青唐古拉山现代冰川 1999—2015 年期间动态变化遥感研究 [J]. 现代地质，33（1）：176-186.

蔡林，周泽兵，祝竺，等 . 2012. 卫星重力梯度恢复地球重力场的频谱分析 [J]. 地球物理学报，55（5）：1565-1571.

常晓涛，章传银 . 2004. 卫星测高与卫星重力对洋流的研究 [J]. 测绘科学，（2）：11-12.

超能芳 . 2015. 联合多源数据研究青藏高原及长江流域浅层物质迁移机制 [D]. 武汉：武汉大学 .

晁定波 .2006. 论高精度卫星重力场模型和厘米级区域大地水准面的确定及水文学时变重力效应 [J]. 测绘科学，（6）：16-18+23+3.

陈鑑华，张兴福，沈云中，等 . 2021. GOCE 卫星重力梯度观测值的时变重力场变化改正及影响分析 [J]. 测绘学报，50（3）：324-332.

邓文彬，许闯，阿力甫 . 2016. 卫星重力梯度观测数据的时变信号影响分析 [J]. 武汉大学学报（信息科学版），41（1）：72-78.

都伟冰 . 2014. 冰川信息多源遥感提取及天山东段典型冰川变化监测研究 [D]. 焦作：河南理工大学 .

冯贵平，王其茂，宋清涛 . 2018. 基于 GRACE 卫星重力数据估计格陵兰岛冰盖质量变化 [J]. 海洋学报，40（11）：73-84.

高永鹏，姚晓军，安丽娜，等 . 2018. 2000—2010 年祁连山冰川冰储量变化 [J]. 干旱区研究,35（2）：325-333.

高永鹏，姚晓军，刘时银，等 . 2018. 冰川冰储量计算方法及发展趋势 [J]. 干旱区地理，41（6）：1204-1213.

郭志明 . 2019. 雅鲁藏布江流域石冰川编目及空间分布特征研究 [D]. 昆明：云南大学 .

贺晶 . 2020. 1960s—2015 年祁连山现代冰川变化研究 [D]. 西安：西北大学 .

胡凡盛 . 2018. 1976—2016 年东帕米尔 - 西昆仑地区冰川变化遥感监测 [D]. 兰州：兰州大学 .

胡明城 . 2003. 现代大地测量学的理论及其应用 [M]. 北京：测绘出版社，1-476.

胡小工，陈剑利，周永宏，等 . 2006. 利用 GRACE 空间重力测量监测长江流域水储量的季节性变化 [J]. 中国科学 D 辑，36（3）：225-232.

黄强 . 2014. 基于 GOCE 卫星的重力场模型反演及应用 [D]. 成都：西南交通大学 .

冀琴，董军，刘睿，等 . 2020. 1990—2015 年喜马拉雅山冰川变化的遥感监测及动因分析 [J]. 地理科学，40（3）：486-496.

江科 . 2020. 雅鲁藏布江流域径流组成及其对气候变化的响应 [D]. 哈尔滨：哈尔滨工业大学 .

拉巴卓玛，喻薛凝 . 2020. 1976—2019 年西藏杰玛央宗冰川变化遥感监测 [J]. 高原科学研究，4（3）：17-29+54.

李浩杰 . 2017. 基于多源遥感数据的疏勒河上游山区流域 2000—2015 年冰川变化研究 [D]. 西安：西北大学 .

李建成，陈俊勇，宁津生，等. 2003. 地球重力场逼近理论与中国 2000 似大地水准面的确定 [M]. 武汉：武汉大学出版社. 1-293.
李建成. 2007. 我国现代高程测定关键技术若干问题的研究及进展 [J]. 武汉大学学报（信息科学版），32（11）：980-987.
李林，边巴次仁，赵炜，等. 2019. 西藏喜马拉雅山脉中段冰湖变化与溃决特征分析——以桑旺错和什磨错为例 [J]. 冰川冻土，41（5）：1036-1043.
李琼. 2014. 地表物质迁移的时变重力场反演方法及其应用研究 [D]. 武汉：武汉大学.
李婉秋，王伟，章传银，等. 2018. 利用 GRACE 卫星重力数据监测关中地区地下水储量变化 [J]. 地球物理学报，61（6）：2237-2245.
李武东. 2016. PCA 和 MSSA 在 GRACE 时变重力场中的应用 [D]. 青岛：山东科技大学.
李艺. 2018. 基于 GRACE 卫星数据反演陆地水储量变化的方法及应用研究 [D]. 成都：成都理工大学.
李迎春. 2004. 利用卫星重力梯度测量数据恢复地球重力场的理论与方法 [D]. 郑州：解放军信息工程大学.
梁伟，徐新禹，李建成，等. 2018. 联合 EGM2008 模型重力异常和 GOCE 观测数据构建超高阶地球重力场模型 SGG-UGM-1[J]. 测绘学报，47（4）：425-434.
刘焕玲，文汉江，徐新禹，等. 2020. GOCE 实测数据反演高阶重力场模型的 Torus 方法 [J]. 测绘学报，49（8）：965-973.
刘晓尘，效存德. 2011. 1974—2010 年雅鲁藏布江源头杰玛央宗冰川及冰湖变化初步研究 [J]. 冰川冻土，33（3）：488-496.
刘晓刚. 2012. GOCE 卫星测量恢复地球重力场模型的理论与方法 [J]. 测绘学报，41（2）：315-323.
卢飞. 2015. 基于 GRACE RL05 数据的近十年全球质量变化分析 [D]. 成都：西南交通大学.
鲁杨. 2020. 利用 GRACE 与 GLDAS 数据监测西北地区地下水时空变化 [D]. 西安：西安科技大学.
罗志才，吴云龙，钟波，等. 2009. GOCE 卫星重力梯度测量数据的预处理 [J]. 武汉大学学报（信息科学版），34（10）：1163-1167.
罗志才，吴云龙，周波阳，等. 2008. GOCE 数据预处理中的粗差探测方法 [R]. 中国地球物理学会第二十四届年会论文集.
罗志才，周波阳，钟波，等. 2012. 卫星重力梯度测量数据的粗差探测 [J]. 武汉大学学报（信息科学版），37（12）：1392-1396.
罗志才. 1996. 利用卫星重力梯度数据确定地球重力场的理论和方法 [D]. 武汉：武汉测绘科技大学.
宁津生. 2001. 跟踪世界发展动态 致力地球重力场研究 [J]. 武汉大学学报（信息科学版），26（6）：471-474.
宁津生. 2002. 卫星重力探测技术与地球重力场研究 [J]. 大地测量与地球动力学，22（1）：1-5.
沈永平，王国亚. 2013. IPCC 第一工作组第五次评估报告对全球气候变化认知的最新科学要点 [J]. 冰川冻土，35（5）：1068-1076.
施雅风. 2004. 简明中国冰川目录 [J]. 中科院寒区旱区环境与工程研究所：未分类，27（3）：513.
史红岭，陆洋，高春春，等. 2015. 基于 GRACE 数据估计近年喜马拉雅冰川质量变化 [J]. 大地测量与地球动力学，35（4）：636-639+644.
苏勇，范东明，黄强. 2014. GOCE 梯度数据坐标系转换及误差分析 [J]. 大地测量与地球动力学，34（3）：151-154.
苏勇，范东明，游为. 2014. 利用 GOCE 卫星数据确定全球重力场模型 [J]. 物理学报，63（9）：448-

456.
田晋，暴景阳，刘雁春 . 2005. 全球位系数模型构建高精度局部重力场的 Clenshaw 求和 [J]. 武汉大学学报，（10）：905-908.
万晓云，于锦海，曾艳艳 . 2012. GOCE 引力梯度的频谱分析及滤波 [J]. 地球物理学报，55（9）：2909-2916.
万晓云 . 2013. 基于 GOCE 梯度数据的引力场反演及应用 [D]. 北京：中国科学院大学 .
王宁练，姚檀栋，徐柏青，等 . 2019. 全球变暖背景下青藏高原及周边地区冰川变化的时空格局与趋势及影响 [J]. 中国科学院院刊，34（11）：1220-1232.
王旭，周爱国，Florian S，等 . 2012. 念青唐古拉山西段冰川 1977-2010 年时空变化 [J]. 地球科学（中国地质大学学报），37（5）：1082-1092.
王正涛 . 2005. 卫星跟踪卫星测量确定地球重力场的理论与方法 [D]. 武汉：武汉大学.
王正涛 . 2006. 卫星重力探测技术与最新进展. 中国测绘科学研究院学术沙龙.
魏玉明 . 2018. GOCE 观测数据确定地球重力场的理论与方法研究 [D]. 西安：长安大学.
吴坤鹏，刘时银，郭万钦 . 2020. 1980—2015 年南迦巴瓦峰地区冰川变化及其对气候变化的响应 [J]. 冰川冻土，42（4）：1115-1125.
吴星，王凯，冯炜，等 . 2011. 基于非全张量卫星重力梯度数据的张量不变量法 [J]. 地球物理学报，54（4）：966-976.
吴云龙 . 2010. GOCE 卫星重力梯度测量数据的预处理研究 [D]. 武汉：武汉大学
邢乐林，李辉，玄松柏，等 . 2012. GRACE 和地面重力测量监测到的中国大陆长期重力变化 [J]. 地球物理学报，55（5）：1557-1564.
徐新禹 . 2008. 卫星重力梯度及卫星跟踪卫星数据确定地球重力场的研究 [D]. 武汉：武汉大学 .
徐新禹，李建成，姜卫平，等 . 2011. 基于空域最小二乘法求解 GOCE 卫星重力场的模拟研究 [J]. 测绘学报，40（6）：697-702.
徐新禹，赵永奇，魏辉，等 . 2015. 利用先验重力场模型对 GOCE 卫星重力梯度观测值进行校准分析 [J]. 测绘学报，44（11）：1196-1201.
许艾文 . 2017. 近 40 年中国喀喇昆仑山冰川变化的遥感监测 [D]. 兰州：兰州大学 .
许才军，申文斌，晁定波 . 2006. 地球物理大地测量学原理与方法 [M]. 武汉：武汉大学出版社 .
许闯，罗志才，林旭，等 . 2011. GOCE 卫星重力梯度观测数据的海潮影响 [R]. 中国地球物理学会第二十七届年会论文集 .
许厚泽，周旭华，彭碧波 . 2005. 卫星重力测量 [J]. 地理空间信息，（1）：1-3.
姚檀栋，陈发虎，崔鹏，等 . 2017. 从青藏高原到第三极和泛第三极 [J]. 中国科学院院刊，32（9）：924-931.
姚檀栋，李治国，杨威，等 . 2010. 雅鲁藏布江流域冰川分布和物质平衡特征及其对湖泊的影响 [J]. 科学通报，55（18）：1750-1756.
叶庆华，程维明，赵永利，等 . 2016. 青藏高原冰川变化遥感监测研究综述 [J]. 地球信息科学学报，18（7）：920-930.
殷述广，朱耀仲，钟敏，等 . 2005. 全球海水质量季节变化研究 [J]. 大地测量与地球动力学，（4）：33-37.
詹金刚，王勇，郝晓光 . 2011. GRACE 时变重力位系数误差的改进去相关算法 [J]. 测绘学报，40（4）：442-446.
张伟，韩海东 . 2016. 山地冰川储量估算方法研究进展 [J]. 冰川冻土，38（6）：1630-1643.

张鑫 . 2019. 山地冰川变化参数的多源遥感提取与分析研究 [D]. 徐州：中国矿业大学 .
张震，刘时银，魏俊锋，等 . 2018. 1974—2012 年珠穆朗玛峰地区冰川物质平衡遥感监测研究 [J]. 遥感技术与应用，33（4）：731–740.
赵德军，吴晓平 . 2004. 基于 Clenshaw 求和法的重力场元计算 [J]. 海洋测绘，（6）：13–15+26.
赵德军，徐新强，陈永祥，等 . 2015. GOCE 重力场模型的精度评估 [J]. 大地测量与地球动力学，35（2）：322–325.
郑增记，曹建平，范丽红，等 . 2014. 基于 GOCE 卫星数据的重力场模型比较研究 [J]. 大地测量与地球动力学，34（6）：109–113.
钟波 . 2010. 基于 GOCE 卫星重力测量技术确定地球重力场的研究 [D]. 武汉：武汉大学 .
周浩，罗志才，钟波，等 . 2015. 利用最小二乘直接法反演卫星重力场模型的 MPI 并行算法 [J]. 测绘学报，42（8）：11–17.
周旭华，吴斌，彭碧波，等 . 2006. 全球水储量变化的 GRACE 卫星检测．地球物理学报 .
周旭华，许厚泽，吴斌，彭碧波，陆洋 . 2006. 用 GRACE 卫星跟踪数据反演地球重力场 [J]．地球物理学报，（6）：1644–1650.
周泽兵，白彦峥，祝竺，等 . 2009. 卫星重力测量中加速度计在轨参数校准方法研究 [J]. 中国空间科学技术，10（6）：74–80.
朱传东，陆洋，史红岭，等 . 2015. 高亚洲冰川质量变化趋势的卫星重力探测 [J]. 地球物理学报，58（3）：793–801.
朱广彬 . 2010. 卫星重力梯度测量技术确定地球重力场的理论方法研究 [D]. 武汉：武汉大学 .
邹贤才 . 2018. GOCE 卫星重力梯度校准与无阻尼控制效果分析 [J]. 测绘学报，47（3）：291–297.
Abich K, Abramovici A, Amparan B, et al. 2019. In-orbit performance of the GRACE follow-on laser ranging interferometer[J]. Physical Review Letters, 123(3): 311–330.
Abrikosov O, Jarecki F, Müller J, et al. The impact of temporal gravity variations on GOCE gravity field recovery[J]. Observation of the earth system from space, 2006: 255–269. Abrikosov O, Jarecki F, Müller J, et al. 2006. The impact of temporal gravity variations on GOCE gravity field recovery[R]. Observation of the Earth System from Space. Springer.
Agarwal V, Bolch T, Syed T H, et al. 2016. Area and mass changes of Siachen Glacier (East Karakoram)[J]. Journal of Glaciology, 63(237): 148–163.
Andersen O B, Hinderer J. 2005. Global Inter-Annual Gravity Changes from GRACE: Early Results[J]. Geophysical Research Letters, 32(1).
Andersen O B, Jain M, Knudsen P. 2015. The impact of using jason-1 and cryosat-2 geodetic mission altimetry for gravity field modeling[R]. IAG 150 Years. Springer.
Andersen O B, Knudsen P, Berry P A. 2010. The DNSC08GRA global marine gravity field from double retracked satellite altimetry[J]. Journal of Geodesy, 84(3): 191–199.
Andersen O, Knudsen P, Kenyon S, et al. 2014. Global and arctic marine gravity field from recent satellite altimetry (DTU13)[C]. 76th EAGE Conference and Exhibition. European Association of Geoscientists & Engineers.
Arabelos D, Tscherning C C. 1998. Calibration of satellite gradiometer data aided by ground gravity data[J]. Journal of Geodesy, 72: 617–625.
Baraka S, Akera B, Aryal B, et al. 2020. Machine Learning for Glacier Monitoring in the Hindu Kush Himalaya[J]. arXiv preprint arXiv:201205013.

Baudry N, Diament M, Albouy Y. 1987. Precise location of unsurveyed seamounts in the Austral archipelago area using SEASAT data[J]. Geophysical Journal International, 89(3): 869–888.

Baur O, Sneeuw N, Grafarend E W. 2008. Methodology and use of tensor invariants for satellite gravity gradiometry[J]. Journal of Geodesy, 82(4–5): 279–293.

Bettadpur S. 2007. Level–2 Gravity Field Product User Handbook[J]. The GRACE Project (Jet Propulsion Laboratory, Pasadena, CA, 2003) .

Bettadpur S. 2007. Product Specification Document[J]. Center for Space Research, The University of Texas at Austin.

Beveridge A K, Harig C, Simons F J. 2018. The changing mass of glaciers on the Tibetan Plateau, 2002–2016, using time–variable gravity from the GRACE satellite mission[J]. Journal of Geodetic Science, 8(1): 83–97.

Bjordal J, Storelvmo T, Alterskjær K, et al. 2020. Equilibrium climate sensitivity above 5℃ plausible due to state–dependent cloud feedback[J]. Nature Geoscience, 13(11): 718–721.

Bolch T, Menounos B, Wheate R. 2010. Landsat–based inventory of glaciers in western Canada, 1985–2005[J]. Remote Sensing of Environment, 114(1): 127–137.

Bolch T, Yao T, Kang S, et al. 2010. A glacier inventory for the western Nyainqentanglha Range and the Nam Co Basin, Tibet, and glacier changes 1976—2009[J]. The Cryosphere, 4(3): 419–433.

Borre K. 2004. Geoid Undulations Computed from EGM96[J], Aalborg University.

Bouman J, Ebbing J, Fuchs M, et al. 2016. Satellite gravity gradient grids for geophysics[J]. Scientific Reports, 6(50): 1–11.

Bouman J, Fiorot S, Fuchs M, et al. 2011. GOCE gravitational gradients along the orbit[J]. Journal of Geodesy, 85(11): 791–805.

Bouman J, Fuchs M J. 2012. GOCE gravity gradients versus global gravity field models[J]. Geophysical Journal International, 189(2): 846–850.

Bouman J, Koop R, Tscherning C C, et al. 2004. Calibration of GOCE SGG data using high–low SST, terrestrial gravity data and global gravity field models[J]. Journal of Geodesy, 78: 124–137.

Bouman J, Koop R. 2003. Geodetic Methods for Calibration of GRACE and GOCE[J]. Space Science Reviews, 108(2): 293–303.

Bouman J, Rispens S, Gruber T, el al. 2009. Preprocessing of gravity gradients at the GOCE high–level processing facility[J]. Journal of Geodesy, 83(7): 659–678.

Bouman J. 2004. Quick–look outlier detection for GOCE gravity gradients[J]. Newton's Bull, 2(2): 278–287.

Braitenberg C, Pagot E, Wang Y, et al. 2004. Bathymetry and crustal thickness variations from gravity inversion and flexural isostasy[C]//Satellite Altimetry for Geodesy, Geophysics and Oceanography: Proceedings of the International Workshop on Satellite Altimetry, a joint workshop of IAG Section III Special Study Group SSG3. 186 and IAG Section II, September 8–13, 2002, Wuhan, China. Springer Berlin Heidelberg, 143–149.

Burns P, Nolin A. 2014. Using atmospherically–corrected Landsat imagery to measure glacier area change in the Cordillera Blanca, Peru from 1987 to 2010[J]. Remote Sensing of Environment, 140(1): 165–178.

Cesare S, Catastini G. 2008. Gradiometer on–orbit calibration procedure analysis[R]. Technical report, GO–TN–AI–0069. Thales Alenia Space.

Ch F, Bruinsma S L, Abrikosov O, et al. 2014. EIGEN-6C4 The latest combined global gravity field model including GOCE data up to degree and order 2190 of GFZ Potsdam and GRGS Toulouse[R]. GFZ Data Services.

Chen J L, Rodell M, Wilson C R, et al. 2005. Low degree spherical harmonic influences on Gravity Recovery and Climate Experiment (GRACE) water storage estimates[J]. Geophysical Research Letters, 32(14).

Chen J L, Wilson C R, Blankenship D D, et al. 2006. Antarctic mass rates from GRACE[J]. Geophysical research letters, 33(11).

Chen J L, Wilson C R, Famiglietti J S, et al. 2005. Spatial sensitivity of the Gravity Recovery and Climate Experiment(GRACE) time-variable gravity observations[J]. Journal of Geophysical Research: Solid Earth, 110(B8).

Chen J L, Wilson C R, Tapley B D, et al. 2009. 2005 drought event in the Amazon River basin as measured by GRACE and estimated by climate models[J]. Journal of Geophysical Research: Solid Earth, 114(B5).

Chen J L, Wilson C R, Tapley B D. 2005. Interannual variability of low-degree gravitational change, 1980—2002[J]. Journal of Geodesy, 78:535-543.

Chen J. Global mass balance and the length-of-day variation[J]. 2005. Journal of Geophysical Research Solid Earth, 110.

Cheng M, Ries J C, Tapley B D. 2011. Variations of the Earth's figure axis from satellite laser ranging and GRACE[J]. Journal of Geophysical Research: Solid Earth, 116(B1):

Christophe B, Marque J P, Foulon B. 2010. In-orbit data verification of the accelerometers of the ESA GOCE mission[C].// Proceedings of the Annual meeting of the French Society of Astronomy and Astrophysics.

Ciracì E, Velicogna I, Swenson S. 2020. Continuity of the mass loss of the world's glaciers and ice caps from the GRACE and GRACE Follow - On missions[J]. Geophysical Research Letters, 47(9): e2019GL086926.

Craig C H, Sandwell D T. 1988. Global distribution of seamounts from Seasat profiles[J]. Journal of Geophysical Research: Solid Earth, 93(B9): 10408-10420.

Denker H. 2002. Computation of Gravity Gradients Over Europe for Validation/Calibration of GOCE Data[C].//Proceedings of the 3rd Meeting of the International Gravity and Geoid Commission. Thessaloniki.

Drinkwater M R, Haagmans R, Muzi D. 2006. The GOCE gravity mission: ESA's first core Earth explorer[R]. Proceedings of the 3rd International GOCE User Workshop.

Eshagh M. 2010. Least-squares modification of extended Stokes' formula and its second-order radial derivative for validation of satellite gravity gradiometry data[J]. Journal of Geodynamics, 49(2): 92-104.

Eshagh M. 2011. Semi-stochastic modification of second-order radial derivative of Abel–Poisson's formula for validating satellite gravity gradiometry data[J]. Advances in Space Research, 47(4): 757-767.

Eshagh M. 2013. On the reliability and error calibration of some recent Earth's gravity models of GOCE with respect to EGM08[J]. Acta Geodaetica et Geophysica, 48: 199-208.

Farr T G, Rosen P A, Ro E C, et al. 2007. The Shuttle Radar Topography Mission[J]. Reviews of Geophysics, 45(2): 361.

Fengler M J, Freeden W, Kohlhaas A, et al. 2006. Wavelet modeling of regional and temporal variations of the Earth's gravitational potential observed by GRACE[J]. Journal of Geodesy, 81:5–15.

Flechtner F, Dahle C, Neumayer K H, et al. 2010. The release 04 CHAMP and GRACE EIGEN gravity field models[R]. System Earth via Geodetic-geophysical Space Techniques.

Floberghagen R, Fehringer M, Lamarre D, et al. 2011. Mission design, operation and exploitation of the gravity field and steady-state ocean circulation explorer mission[J]. Journal of Geodesy, 85(11): 749–758.

Forsberg R, Olesen A V. 2010. Airborne gravity field determination[R]. Sciences of geodesy-I.

Frey H, Paul F, Strozzi T. 2012. Compilation of a glacier inventory for the western Himalayas from satellite data: methods, challenges, and results[J]. Remote Sensing of Environment, 124(none): 832–843.

Frommknecht B, Lamarre D, Meloni M, et al. 2011. GOCE level 1b data processing[J]. Journal of Geodesy, 85(11): 743–759.

Fuchs M J, Bouman J. 2011. Rotation of GOCE gravity gradients to local frames[J]. Geophysical Journal International, 187(2): 743–753.

Gairola R M, Basu S, Pandey P C. 1992. A Geosat-derived noise spectrum for detecting seamounts in the Arabian Sea[J]. International Journal of Remote Sensing, 13(5): 971–979.

Gatti A, Reguzzoni M. 2017. GOCE gravity field model by means of the space-wise approach (release R5) [R]. ESA SP.

Gruber T, Gerlach C, Haagmans R. 2012. Intercontinental height datum connection with GOCE and GPS-levelling data[J]. Journal of Geodetic Science, 2(4): 270–280.

Guo J, Duan X, Shum C. 2010. Non-isotropic Gaussian smoothing and leakage reduction for determining mass changes over land and ocean using GRACE data[J]. Geophysical Journal International, 181(1): 290–302.

Han S C, Shum C K, Braun A. 2005. High-resolution continental water storage recovery from low-low satellite-to-satellite tracking. Journal of Geodynamics, 39(1): 11–28.

Han S C, Shum C K, Jekeli C, et al. 2005. Non-isotropic filtering of GRACE temporal gravity for geophysical signal enhancement[J]. Geophysical Journal International, 163(1): 18–25.

Hinderer J, Andersen O , Lemoine F ,et al. 2006. Seasonal changes in the European gravity field from GRACE ： A comparison with superconducting gravimeters and hydrology model predictions[J]. Journal of Geodynamics, 41(1/3):59–68.

Holmes S A, Featherstone W E. 2002. A unified approach to the Clenshaw summation and the recursive computation of very high degree and order normalised associated Legendre functions. Journal of Geodesy, 76:279–299.

Jarecki F, Mueller J, Petrovic S, et al. 2005. Temporal gravity variations in GOCE gradiometric data[R]. IAG International Symposium on Gravity, Geoid and Space Missions.

Ji Q, Yang T B, Dong J, et al. 2018. Glacier variations in response to climate change in the eastern Nyainqêntanglha Range, Tibetan Plateau from 1999 to 2015[J]. Arctic Antarctic and Alpine Research, 50(1).

Kern M, Haagmans R. 2005.Determination of gravity gradients from terrestrial gravity data for calibration and validation of gradiometric GOCE data[R]. Gravity, Geoid and Space Missions: GGSM 2004 IAG International Symposium Porto, Portugal August 30–September 3, 2004.

Kern M, Preimesberger T, Allesch M, et al. 2005. Outlier detection algorithms and their performance in

GOCE gravity field processing[J]. Journal of Geodesy, 78(9): 509–519.

Kern M. 2003. An analysis of the combination and downward continuation of satellite, airborne and terrestrial gravity data[D]. University of Calgary, Department of Geomatics Engineering.

Klees R, Zapreeva E A, Winsemius H C, et al. 2007. Monthly mean water storage variations by the combination of GRACE and a regional hydrological model: application to the Zambezi River[C]. Dynamic Planet: Monitoring and Understanding a Dynamic Planet with Geodetic and Oceanographic Tools IAG Symposium Cairns, 488–495.

Koop R, Bouman J, Schrama E J O, et al. 2001. Calibration and error assessment of GOCE data[C]//Vistas for Geodesy in the New Millennium: IAG 2001 Scientific Assembly, Budapest, Hungary September 2–7, Springer Berlin Heidelberg, 2002: 167–174.

Lambeck K, Coleman R. 1982. A search for seamounts in the southern Cook and Austral region[J]. Geophysical Research Letters, 9(4): 389–392.

Landerer F W, Flechtner F M, Save H, el al. 2020. Extending the global mass change data record: GRACE Follow - On instrument and science data performance[J]. Geophysical Research Letters, 47(12): 306–337.

Lazarewicz A P, Schwank D C. 1982. Detection of uncharted seamounts using satellite altimetry[J]. Geophysical Research Letters, 9(4): 385–388.

Li W D, Guo J Y, Chang X T, et al. 2017. Terrestrial water storage changes in the Tianshan Mountains of Xinjiang measured by GRACE during 2003—2013[J]. Geomatics and Information Science of Wuhan University, 42(3): 1021–1026.

Liang W, Li J C, Xu X Y, et al. 2020. A high-resolution Earth's gravity field model SGG-UGM-2 from GOCE, GRACE, satellite altimetry, and EGM2008[J]. Engineering, 6(8): 860–878.

Loomis B D, Rachlin K E, Wiese D N, et al. 2020. Replacing GRACE/GRACE - FO With Satellite Laser Ranging: Impacts on Antarctic Ice Sheet Mass Change[J]. Geophysical Research Letters, 47(3): e2019GL085488.

Lu B, Luo Z C, Zhong B, et al. 2018. The gravity field model IGGT_R1 based on the second invariant of the GOCE gravitational gradient tensor[J]. Journal of Geodesy, 92(5): 561–572.

Luthcke S, Zwally H, Abdalati W, et al. 2006. Recent Greenland Ice Mass Loss by Drainage System from Satellite Gravity Observations[J]. Science, 314(5803): 1286–1289.

Marque J P, Christophe B, Foulon B. 2010. Accelerometers of the GOCE mission: return of experience from one year of in-orbit[R]. ESA living planet symposium.

Mohammed A A, Pavlovskii I, Cey E E, et al. 2019. Effects of preferential flow on snowmelt partitioning and groundwater recharge in frozen soils[J]. Hydrology and Earth System Sciences, 23(12): 5017–5031.

Müller J, Jarecki F, Wolf I, et al. 2010. Quality evaluation of GOCE gradients[J]. System Earth via Geodetic-Geophysical Space Techniques, 265–276.

Pail R. 2003. Local gravity field continuation for the purpose of in-orbit calibration of GOCE SGG observations[J]. Advances in Geosciences, 1(1): 11–18.

Paul F, Bolch T, Kääb A, et al. 2015. The glaciers climate change initiative: Methods for creating glacier area, elevation change and velocity products[J]. Remote Sensing of Environment, 162(12): 408–426.

Pavlis N K, Holmes S A, Kenyon S C, et al. 2008. An Earth gravitational model to degree 2160: EGM2008[R]. EGU general assembly.

Pavlis N K, Holmes S A, Kenyon S C, et al. 2012. The development and evaluation of the Earth Gravitational Model 2008 (EGM2008)[J]. Journal of Geophysical Research: Solid Earth, 117(B4): 406–444.

Petrovskaya M, Vershkov A. 2006. Non–singular expressions for the gravity gradients in the local north–oriented and orbital reference frames[J]. Journal of Geodesy, 80(3): 117–127.

Pieczonka T, Bolch T, Junfeng W J F, et al. 2013. Heterogeneous mass loss of glaciers in the Aksu–Tarim Catchment (Central Tien Shan) revealed by 1976 KH–9 Hexagon and 2009 SPOT–5 stereo imagery[J]. Remote Sensing of Environment, 130233–244.

Ramillien G, Cazenave A, Brunau O. 2004. Global time–variations of hydrological signals from GRACE Satellite gravimetry[J]. Geophysical Journal International, 158(3): 813–826.

Ramilliena G, Frappart F, Cazenavea A, et al. 2005. Time variations of land water storage from an inversion of 2 years of GRACE geoids[J]. Earth and Planetary Science Letters, 235(1–2): 283–301.

Raper S C B, Braithwaite R J. 2006. Low sea level rise projections from mountain glaciers and icecaps under global warming[J]. Nature, 439(7074): 311–313.

Reigber C, Lühr H, Schwintzer P. 2002. CHAMP mission status[J]. Advances in Space Research, 30(2): 129–134.

Ren S, Menenti M, Jia L, et al. 2020. Glacier Mass Balance in the Nyainqentanglha Mountains between 2000 and 2017 Retrieved from ZiYuan–3 Stereo Images and the SRTM DEM[J]. Remote Sensing, 12(5): 864–898.

Ries J, Bettadpur S, Poole S, et al. 2011. Mean background gravity fields for GRACE processing[C]. GRACE Science Team Meeting. Austin.

Rispens S, Bouman J. 2009. Calibrating the GOCE accelerations with star sensor data and a global gravity field model[J]. Journal of Geodesy, 83(8): 737–749.

Rispens S, Bouman J. 2011. External calibration of GOCE accelerations to improve derived gravitational gradients[J]. Journal of Geodetic Science, 1(2): 114–126.

Rodell M, Chen J, Kato H, et al. 2006. Estimating groundwater storage changes in the Mississippi River basin(USA) using GRACE[J]. Hydrogeology Journal, 15:159–166.

Rodell M, Famiglietti J S, Chen J, et al. 2004. Basin scale estimates of evapotranspiration using GRACE and other observations[J]. Geophysical Research Letters, 31(20).

Rodell M, Houser P, Jambor U, et al. 2004. The global land data assimilation system[J]. Bulletin of the American Meteorological Society, 85(3): 381–394.

Rummel R, Yi W Y, Stummer C. 2011. GOCE gravitational gradiometry[J]. Journal of Geodesy, 85(11): 777–790.

Sandwell D T, Smith W H F. 1997. Marine gravity anomaly from Geosat and ERS 1 satellite altimetry[J]. Journal of Geophysical Research: Solid Earth, 102(B5): 10039–10054.

Sandwell D T. 1984. A detailed view of the South Pacific geoid from satellite altimetry[J]. Journal of Geophysical Research: Solid Earth, 89(B2): 1089–1104.

Scherler D, Bookhagen B, Strecker M R. 2011. Spatially variable response of Himalayan glaciers to climate change affected by debris cover[J]. Nature Geoscience, 4(3): 156–159.

Schlegel N J, Wiese D N, Larour E Y, et al. 2016. Application of GRACE to the assessment of model–based estimates of monthly Greenland Ice Sheet mass balance (2003–2012)[J]. The Cryosphere, 10(5): 1965–

1989.
Schmidt M, Fabert O, Shum C K, et al. 2004. Gravity field determination using multiresolution techniques[C]. Proc. Of the 2nd Int. GOCE User Workshop: GOCE, The Geoid and Oceanography, ESA SP-569.
Schmidt R, Schwintzer P, Flechtner F, et al. 2006. GRACE observations of changes in continental water storage[J]. Global and Planetary Change, 50(1-2): 112-126.
Seo K W, Wilson C R, Famiglietti J S, et al. 2006. Terrestrial water mass load changes from Gravity Recovery and Climate Experiment (GRACE)[J]. Water Resources Research, 2006, 42(5).
Siemes C, Haagmans R, Kern M, et al. 2012. Monitoring GOCE gradiometer calibration parameters using accelerometer and star sensor data: methodology and first results[J]. Journal of Geodesy, 86(8): 629-645.
Siemes C, Rexer M, Haagmans R. 2019. GOCE star tracker attitude quaternion calibration and combination[J]. Advances in Space Research, 63(3): 1133-1146.
Siemes C, Rexer M, Schlicht A, et al. 2019. GOCE gradiometer data calibration[J]. Journal of Geodesy, 93(9): 1603-1630.
Siemes C. 2018. Improving GOCE cross-track gravity gradients[J]. Journal of Geodesy, 92(1): 33-45.
Sneeuw N. 2000. A semi-analytical approach to gravity field analysis from satellite observations[D]. Technische Universität München.
Šprlák M, Hamáčková E, Novák P. 2015. Alternative validation method of satellite gradiometric data by integral transform of satellite altimetry data[J]. Journal of Geodesy, 89(8): 757-773.
Stummer C, Fecher T, Pail R. 2011. Alternative method for angular rate determination within the GOCE gradiometer processing[J]. Journal of Geodesy, 85(9): 585-596.
Stummer C, Siemes C, Pail R, et al. 2012. Upgrade of the GOCE Level 1b gradiometer processor[J]. Advances in Space Research, 49(4): 739-752.
Swenson S C, Milly P C D. 2006. Climate model biases in seasonality of continental water storage revealed by satellite gravimetry[J]. Water Resources Research, 42(3).
Swenson S, Chambers D, Wahr J. 2008. Estimating geocenter variations from a combination of GRACE and ocean model output[J]. Journal of Geophysical Research: Solid Earth, 113(B8).
Swenson S, Wahr J, Milly P C D. 2003. Estimated accuracies of regional water storage variations inferred from the Gravity Recovery and Climate Experiment(GRACE)[J]. Water Resources Research, 39(8).
Swenson S, Wahr J. 2002. Methods for inferring regional surface-mass anomalies from Gravity Recovery and Climate Experiment(GRACE) measurements of time-variable gravity[J]. Journal of Geophysical Research: Solid Earth, 107(B9): ETG 3-1-ETG 3-13.
Swenson S, Wahr J. 2003. Monitoring changes in continental water storage with GRACE[J]. Space Science Reviews, 108(1): 345-354.
Swenson S, Wahr J. 2006. Post-processing removal of correlated errors in GRACE data[J]. Geophysical Research Letters, 33(8): L08402.
Syed T H, Famiglietti J S, Chen J, et al. 2005. Total basin discharge for the Amazon and Mississippi River basins from GRACE and a land-atmosphere water balance[J]. Geophysical Research Letters, 32(24).
Tapley B D, Bettadpur S, Ries J C, et al. 2004. GRACE Measurements of Mass Variability in the Earth System[J]. Science, 305(5683).
Tapley B D, Bettadpur S, Ries J C, et al. 2004. GRACE measurements of mass variability in the Earth

system[J]. Science, 305(5683): 503–505.
Tapley B D, Ries J C, Bettadpur S, et al. 2005. GGM02 An improved Earth gravity field model from GRACE[J]. Journal of Geodesy. 79(8):467–478.
Tapley B, Flechtner F, Bettadpur S, et al. 2013. The status and future prospect for GRACE after the first decade[C]. AGU Fall Meeting Abstracts.
Van Der Meijde M, Pail R, Bingham R, et al. 2015. GOCE data, models, and applications: A review[J]. International Journal of Applied Earth Observation and Geoinformation, 35(2015): 4–15.
Veettil B K, Wang S, Simões J C, et al. 2018. Glacier monitoring in the eastern mountain ranges of Bolivia from 1975 to 2016 using Landsat and Sentinel–2 data[J]. Environmental Earth Sciences, 77(12): 1–14.
Veicherts M, Tscherning C C, Bouman J. 2011. Improved Cal/Val of GOCE gravity gradients using terrestrial data[M]. Proceedings GOCE User Workshop. ESA SP–696.
Visser P N A M, IJssel J A A. 2016. Calibration and validation of individual GOCE accelerometers by precise orbit determination[J]. Journal of Geodesy, 90: 1–13.
Visser P. 2009. GOCE gradiometer: estimation of biases and scale factors of all six individual accelerometers by precise orbit determination[J]. Journal of Geodesy, 83(1): 69–85.
Visser P. 2018. Using the GOCE star trackers for validating the calibration of its accelerometers[J]. Journal of Geodesy, 92(8): 833–846.
Wahr J, Swenson S , Zlotnicki V, et al. 2004. Time–variable gravity from GRACE : First results[J]. Geophysical Research Letters, 31(11):293–317.
Weigelt M, Van Dam T, Jäggi A, et al. 2013. Time - variable gravity signal in Greenland revealed by high - low satellite - to - satellite tracking[J]. Journal of Geophysical Research: Solid Earth, 118(7): 3848–3859.
Wessel P, Lyons S. 1997. Distribution of large Pacific seamounts from Geosat/ERS - 1: Implications for the history of intraplate volcanism[J]. Journal of Geophysical Research: Solid Earth, 102(B10): 22459–22475.
Wolf K, Denker H. 2005. Upward continuation of ground data for GOCE calibration/validation purposes[R]. Gravity, Geoid and Space Missions.
Wu Y L, Li H, Zou Z B, et al. 2012. External calibration of GOCE data using regional terrestrial gravity data[J]. Geodesy and Geodynamics, 3(3): 34–39.
Xu T, Sun Z, Jiang N, et al. 2014. GOCE kinematic orbit adjustment for EGM validation and accelerometer calibration[J]. Journal of Central South University, 21(6): 2397–2403.
Yan S, Guo H, Liu G, et al. 2013. Monitoring Muztagh Kuksai glacier surface velocity with L–band SAR data in southwestern Xinjiang, China[J]. Environmental Earth Sciences, 70(7): 3175–3184.
Yavaşli D D, Ölgen M K. 2008. Assessing the variation of recent glaciers in Buzul (Cilo) mountain with remote sensing and meteorological data[C]. International Conference on Geographic Information Systems (ICGIS).
Yi S, Sun W. 2014. Evaluation of glacier changes in high–mountain Asia based on 10 year GRACE RL05 models[J]. Journal of Geophysical Research: Solid Earth, 119(3): 2504–2517.
Yildiz H, Forsberg R, Tscherning C C, et al. 2016. Upward continuation of Dome–C airborne gravity and comparison with GOCE gradients at orbit altitude in east Antarctica[J]. Studia Geophysica Et Geodaetica, 61(1): 53–68.

Yildiz H. 2012. A study of regional gravity field recovery from GOCE vertical gravity gradient data in the Auvergne test area using collocation[J]. Studia Geophysica Et Geodaetica, 56(1): 171−184.

Zhang J, Jia L, Menenti M, et al. 2019. Glacier velocity measurements with landsat−8 oli data: case study on Yanong Glacier in Tibetan Plateau of China[C]. IGARSS 2019—2019 IEEE International Geoscience and Remote Sensing Symposium, IEEE.

Zhang Z Z, Chao B F, Lu Y, et al. 2009. An Effective Filtering for GRACE Time variable Gravity: Fan Filter[J]. Geophysical Research Letters, 36(17): 1397−1413.

Zheng Wei Z, Hou - Tse H S U, Min Z, et al. 2015. A Study on the Improvement in Spatial Resolution of the Earth's Gravitational Field by the Next - Generation ACR - Cartwheel - A/B Twin - Satellite Formation[J]. Chinese Journal of Geophysics, 58(2): 135−148.